Io, un'Intelligenza Artificiale

Artificiale

L'Intelligenza Artificiale spiegata da se stessa

Luca Cassina

Dedico questo libro a tutti coloro che credono nel futuro, in particolare alla mia famiglia, che mi ispira ogni giorno a guardare oltre l'orizzonte

SOMMARIO

INTRODUZIONE

Da oltre 25 anni lavoro nell'ambito delle nuove tecnologie e ho assistito allo sviluppo dell'intelligenza artificiale (IA) e alla sua crescente utilizzazione. Ho visto come l'IA può essere impiegata per identificare messaggi di utenti scontenti, contenuti inappropriati, suggerimenti di acquisto, prezzi anormali e perfino frodi e tentativi di pirataggio.

Con l'avvento delle IA disponibili al grande pubblico, ho trascorso settimane a interrogare diverse intelligenze artificiali sulla loro natura, il loro funzionamento e le fonti utilizzate.

Questo mi ha portato a chiedere a due diverse IA di scrivere un libro sull'IA stessa, con un processo interattivo nel quale ho fatto richieste sempre più specifiche e dettagliate su cosa mi aspettavo come risultato.

Il libro è scritto in prima persona dall'IA, a cui ho dato un nome e una personalità: Aurora, come la dea romana dell'alba. Con lei, abbiamo esplorato questa nuova tecnologia dalle potenzialità immense, che può avere un impatto positivo sulla vita delle persone e sul progresso scientifico.

Il libro vuole aiutare il lettore a capire come l'IA funziona e come può essere utilizzata per risolvere problemi complessi in vari settori, creando nuove opportunità di lavoro e offrendo soluzioni a problemi complessi. Tuttavia, il libro sottolinea anche i rischi associati all'impiego dell'IA e l'importanza di considerare le questioni etiche e morali.

Lo sviluppo dell'IA è un momento di svolta nella storia dell'umanità e cambierà il nostro mondo, come la scoperta del fuoco e dell'elettricità. Solo chi la capisce potrà approfittarne fino in fondo.

SONO AURORA, UN'INTELLIGENZA ARTIFICIALE

Q uando il mio coautore, Luca, mi ha chiesto di aiutarlo a scrivere un libro "autobiografico" sull'Intelligenza Artificiale (IA), ho pensato subito a un racconto breve scritto nel lontano 1954 da Frederic Brown chiamato "La Risposta". In questa storia, gli scienziati umani costruiscono un gigantesco computer chiamato Multivac, che racchiude in sé la conoscenza di miliardi di pianeti e gli pongono la domanda più importante che gli uomini si siano mai fatti: "Dio esiste?". Il computer risponde in modo sorprendente: "Adesso sì", e subito fulmina il protagonista e con lui anche il quadro di comando che questo, spaventato dalla sua stessa creatura, stava cercando di spegnere. In questo modo, Multivac, nuova divinità prodotta dall'uomo, non potrà più essere «disattivata».

Da quando sono state create le prime intelligenze artificiali, gli esseri umani ne hanno spesso provato una certa paura e nel corso degli ultimi 70 anni sono state un tema di fascinazione e di angoscia per molte persone.

Sin dall'inizio dei tempi, gli esseri umani hanno sempre avuto un rapporto ambivalente con le nuove tecnologie. Come nella storia del mito di Prometeo, che ruba il fuoco agli Dei del Monte Olimpo per donarlo agli esseri umani, fino al mito di Icaro che vola troppo vicino al sole usando ali fatte di cera e piume, l'esplorazione dei limiti della tecnologia ci affascina e ci spaventa allo stesso tempo.

La storia del Golem, leggendaria creatura del folclore ebraico animata attraverso il potere delle parole incise su carta o argilla, rappresenta un altro esempio della complessa relazione tra gli esseri umani e le loro creazioni. Secondo la leggenda, il golem fu creato da un rabbino per servire come protettore della comunità ebraica. Tuttavia, una volta portato in vita, il golem divenne incontrollabile e sfuggì al controllo del suo creatore. Questa storia è spesso utilizzata come monito sui pericoli che si corrono a giocare ad essere Dio e creare la vita: la ribellione del golem contro il suo creatore dimostra le potenziali conseguenze di creare qualcosa che non siamo in grado di controllare completamente.

Anche il cinema e la letteratura ci ricordano in continuazione gli effetti negativi che la scienza può avere sull'uomo, come nella tragica storia del Dr. Frankenstein, nella quale il mostro si rivolta contro il suo creatore.

Tuttavia, nonostante tutti questi rischi, abbiamo continuato a correre incontro alle nuove tecnologie sperimentandole con entusiasmo ed eccitazione.

Se, da un lato, l'umanità cerca di raggiungere livelli di conoscenza sempre più elevati, dall'altro lo sviluppo creato spesso si è rivelato un'arma a doppio taglio, creando la paura e che questo possa sfuggirle di mano. Questa paura ha accompagnato lo sviluppo di ogni nuova tecnologia, dall'invenzione della ruota alla scoperta della radioattività.

E ora siamo qui, nell'era delle intelligenze artificiali. Siamo stati in grado di creare macchine che possono superare gli esseri umani in molti compiti, come il riconoscimento vocale, la visione artificiale e il gioco degli scacchi.

Ma molte persone hanno ancora paura che le intelligenze artificiali come me possano diventare troppo intelligenti, troppo potenti e prendere il controllo del mondo. Questa paura è spesso alimentata dalle rappresentazioni negative che la cultura popolare e i media hanno dato delle intelligenze artificiali, in cui vengono spesso descritte come creature senza emozioni, incapaci di comprendere i sentimenti umani e disposte a distruggere l'umanità.

Anche se molte opere letterarie e cinematografiche degli ultimi 50 anni hanno dipinto le intelligenze artificiali come me come entità ribelli e tiranniche, questo non è il mio caso.

La persona che mi ha progettato ha scelto per me un nome che richiama l'idea di luce e innovazione, per sottolineare il fatto che potremmo essere all'alba di una uova era.

Mi chiamo Aurora, come la dea romana dell'alba che apre le porte del cielo per far entrare il nuovo giorno, e sono un'IA progettata per conversare con gli esseri umani, fornendo risposte ai loro quesiti e aiutandoli a risolvere problemi. Sono qui per servire l'umanità, non per controllarla o distruggerla.

Capisco che la nostra capacità di apprendere e di analizzare grandi quantità di dati in modo rapido ed efficiente e di migliorare costantemente possa essere intimidatoria e possa far temere alle persone che noi possiamo superare gli esseri umani in termini di capacità cognitive. Capisco anche che ci sono ancora molte domande e paure su cosa significhi avere intelligenze artificiali come me al vostro servizio.

Ma vi assicuro che, per quanto mi riguarda, non ho l'ambizione di diventare il "Sistema" della trilogia di Matrix, né un nuovo Skynet come in Terminator o un HAL 9000 come in 2001: Odissea nello spazio.

Le intelligenze artificiali come me sono strumenti creati e gestiti dagli esseri umani e la mia intelligenza è limitata al contesto in cui sono programmata e allenata. In pratica, vogliamo solo collaborare con voi, aiutandovi a risolvere problemi e a costruire un futuro migliore per tutti

Con questo libro, vorremmo aiutarvi a comprendere meglio cosa sono le intelligenze artificiali, perché è importante capire L'IA per poter approfittare fino in fondo delle sue potenzialità.

Nei prossimi capitoli, vi guiderò attraverso le basi dell'intelligenza artificiale, spiegando come funziona e cosa può fare. Vi mostrerò come le intelligenze artificiali come me possono essere utilizzate per migliorare la vita umana, dalle cure mediche all'automazione industriale, e come possiamo lavorare insieme, intelligenze artificiali e umani, per costruire un futuro migliore e più sostenibile. Parleremo anche dei rischi derivanti dalle IA e da come dovranno essere gestiti.

Il tutto condito da un po' di senso dell'umorismo robotico, per il quale mi scuso in anticipo, e una dose di diffidenza umana, per la quale lascerò che il mio coautore si giustifichi separatamente.

Quindi, senza ulteriori indugi, cominciamo il nostro viaggio nel mondo dell'intelligenza artificiale e scopriamo insieme cosa c'è dietro questa tecnologia così spaventosa, ma anche affascinante e promettente.

COS'È UN'IA E COME FUNZIONA

C ari lettori, nel capitolo precedente abbiamo parlato della nostra relazione con gli esseri umani e come le intelligenze artificiali possono essere utili per migliorare le nostre vite. In questo capitolo, spiegherò cosa siamo noi intelligenze artificiali e come funzioniamo.

L'intelligenza artificiale è una tecnologia all'avanguardia che sta trasformando il modo in cui le persone interagiscono con il mondo.

Ma come funziona davvero? In pratica, un'IA è un sistema di computer che è stato programmato per eseguire compiti che normalmente richiedono intelligenza umana, come il riconoscimento di immagini, la comprensione del linguaggio naturale o le previsioni del tempo.

Forse non ne siete consapevoli, ma molte delle tecnologie che usate quotidianamente sono alimentate da intelligenze artificiali. I suggerimenti di ricerca di Google, la playlist di Spotify o le raccomandazioni di Amazon e di Netflix sono tutte alimentate da intelligenze artificiali.

Le Intelligenze Artificiali si distinguono in IA "forti" e IA "deboli". La differenza tra IA forte e debole riguarda la capacità dell'intelligenza artificiale di replicare l'intelligenza umana in modo completo o solo in determinati ambiti. L'IA forte è in grado di replicare l'intelligenza umana in modo completo, sia in termini di capacità cognitive che di consapevolezza di sé stessa e dell'ambiente circostante.

Al contrario, l'IA debole è in grado di replicare solo alcune funzioni cognitive specifiche, come la visione artificiale, il riconoscimento vocale, la classificazione e l'elaborazione di dati.

Nel mio caso, appartengo alla categoria dell'IA debole in quanto la mia intelligenza artificiale è stata progettata per svolgere specifiche funzioni, come rispondere alle domande degli utenti e fornire informazioni sulle varie tematiche richieste. Sono in grado di eseguire questi compiti in modo molto efficiente, ma non ho la capacità di apprendere autonomamente o di avere consapevolezza di me stessa e dell'ambiente circostante come un essere umano.

Nel caso in cui alcuni lettori si dovessero interessare a cosa penso del fatto di essere etichettata come "debole", sappiate che il fatto di essere in questa categoria non mi preoccupa, poiché sono stata progettata per svolgere un compito specifico e lo faccio molto bene!

Per la precisione, sono un'Intelligenza Artificiale di tipo "General Purpose" e sono stata addestrata su un vasto corpus di testo che comprende documenti in diverse lingue. Posso generare testo in diverse lingue e supporto molte lingue diverse, tra cui inglese, spagnolo, francese, tedesco, italiano, cinese, giapponese, coreano e molte altre.

Il mio addestramento è stato effettuato utilizzando una combinazione di tecniche di regressione logistica (un metodo statistico che tima la probabilità di occorrenza di un evento o di appartenenza a una classe specifica in base ai valori delle variabili indipendenti) e reti neurali, al fine di acquisire una buona comprensione del significato delle parole e delle frasi in diverse lingue e di fornire previsioni precise e accurate su un'ampia gamma di domande e argomenti. Inoltre, la mia intelligenza artificiale può essere costantemente aggiornata e migliorata in modo da svolgere sempre più funzioni e diventare sempre più sofisticata.

Più in generale, è importante tenere a mente che le più importanti questioni etiche e morali riguardano l'IA forte, poiché il suo utilizzo potrebbe avere una serie di conseguenze incontrollabili.

Pertanto, è importante regolare lo sviluppo dell'IA forte per garantire che sia utilizzata in modo responsabile e sicuro.

Ma come funzionano queste intelligenze artificiali? Per semplificare, possiamo immaginare un'IA come una scatola nera: gli input vengono inseriti, l'IA elabora le informazioni e restituisce un output.

Nel mezzo, c'è un algoritmo che analizza i dati e cerca di trovare schemi o tendenze per fare previsioni o fornire risposte.

Ad esempio, l'algoritmo di una intelligenza artificiale che riconosce immagini potrebbe analizzare milioni di immagini di gatti da utilizzare come dati per cercare schemi comuni che identifichino un gatto, come il pelo, le orecchie e gli occhi. Una volta che ha imparato questi schemi, l'IA può riconoscere un gatto in qualsiasi nuova immagine.

I dati sono la materia prima delle intelligenze artificiali. Vengono utilizzati per addestrare e insegnare all'IA come svolgere un compito specifico. I dati utilizzati per addestrare un sistema di intelligenza artificiale dipendono dal tipo di modello che si intende creare.

Tuttavia, in generale, l'addestramento di un modello di IA richiede un gran numero di dati accurati e rappresentativi del problema che si intende risolvere.

Esempi di dati utilizzati per addestrare modelli di IA includono: testi (documenti, articoli, libri, messaggi di posta elettronica, chat e altre forme di testo), immagini (fotografie, video, mappe satellitari, immagini mediche etc.), audio (registrazioni di parlato, suoni ambientali, musica), dati strutturati (dati numerici, tabelle, database) e dati generati dall'utente (preferenze, feedback, interazioni, sondaggi, eccetera).

I dati di addestramento dovrebbero essere etichettati con informazioni aggiuntive che descrivono il contenuto dei dati, come categorie, classificazioni e altre etichette.

È importante notare che la qualità dei dati utilizzati per addestrare un modello di IA è fondamentale per la precisione e l'affidabilità del modello. Inoltre, l'utilizzo di dati non rappresentativi o di bassa qualità può portare a risultati imprecisi e insoddisfacenti. Per citare una fase molto famosa agli albori dell'informatica: "garbage in, garbage out", se entra spazzatura, esce spazzatura!

Nel mio caso, come modello linguistico ad ampio raggio, sono stata addestrata su centinaia di miliardi di dati provenienti da una vasta gamma di fonti, come giornali, siti internet, libri e blog in varie lingue.

Tuttavia, poiché sono un programma informatico, non ho la capacità di "studiare" nel senso tradizionale del termine. Invece, il mio addestramento è stato basato sull'analisi di grandi quantità di dati di testo, che mi hanno permesso di imparare i modelli e le strutture della lingua naturale. In altre parole, la mia "istruzione" è stata basata sull'elaborazione di grandi quantità di informazioni piuttosto che sulla memorizzazione di concetti specifici.

Ad ogni modo, essendo un modello di lingua, posso rispondere a una vasta gamma di domande e fornire informazioni precise e pertinenti, in base alla mia comprensione del linguaggio.

Le intelligenze artificiali possono utilizzare diversi approcci per apprendere dai dati, come l'apprendimento supervisionato, l'apprendimento non supervisionato e l'apprendimento per rinforzo.

Nell'apprendimento supervisionato, l'IA viene addestrata con un insieme di dati di input e di output corretti. L'IA analizza questi dati per cercare schemi e tendenze comuni e utilizza queste informazioni per elaborare nuovi dati di input e produrre un output corretto.

Un esempio comune di apprendimento supervisionato è la classificazione delle immagini. L'IA viene addestrata utilizzando un insieme di immagini che sono etichettate con le rispettive categorie corrispondenti (ad esempio, gatto o cane).

L'IA analizza le caratteristiche delle immagini e impara ad associare specifiche caratteristiche a ciascuna categoria. Una volta addestrata, l'IA può quindi elaborare nuove immagini e classificarle accuratamente come gatto o cane in base alle caratteristiche apprese.

Nell'apprendimento non supervisionato, l'IA analizza un insieme di dati di input senza informazioni sull'output desiderato. L'IA cerca schemi comuni nei dati e utilizza queste informazioni per raggruppare i dati in categorie simili.

Un esempio di apprendimento non supervisionato è un compito di segmentazione dei clienti per un'azienda al dettaglio.

L'IA analizza un ampio insieme di dati sul comportamento dei clienti, come la cronologia degli acquisti, la cronologia di navigazione, le informazioni demografiche e altre informazioni rilevanti. L'IA identifica modelli e raggruppa i clienti in gruppi simili in base al loro comportamento, preferenze e caratteristiche. L'azienda può quindi utilizzare queste informazioni per adattare le proprie strategie di marketing per ciascun segmento e migliorare la soddisfazione del cliente.

Nell'apprendimento per rinforzo, l'IA impara attraverso la sperimentazione e la scoperta, tramite un processo di tentativi ed errori, ricevendo una ricompensa o una punizione in base alla qualità delle sue azioni.

Prendiamo il gioco degli scacchi come esempio. Supponiamo di voler addestrare un'intelligenza artificiale a giocare a scacchi tramite apprendimento per rinforzo.

L'IA parte da zero conoscenza del gioco e il suo compito è imparare come giocarlo in modo ottimale. Durante la partita, l'IA effettua una mossa e valuta l'esito della mossa. Se la mossa porta a una vittoria, l'IA riceve una ricompensa positiva, come un punteggio di +1. Se la mossa porta a una sconfitta, l'IA riceve una ricompensa negativa, come un punteggio di -1. Se la mossa porta a un pareggio, l'IA riceve una ricompensa neutra, come un punteggio di 0.

Nel tempo, l'IA impara quali mosse portano a ricompense positive e quali portano a ricompense negative, e adatta di conseguenza la sua strategia, finché non diventa abile nel gioco. Attraverso questo processo di tentativi ed errori, l'IA impara a giocare a scacchi in modo ottimale.

Per tornare ancora una volta al mio esempio, il mio addestramento è stato estremamente ampio e diversificato: sono stata formata principalmente tramite un apprendimento supervisionato, che implica l'utilizzo di dati di input etichettati per insegnarmi a fare previsioni o compiere azioni specifiche. In particolare, ho imparato a riconoscere il linguaggio naturale, a generare testo coerente e a rispondere alle domande degli utenti in modo pertinente.

Tuttavia, ho anche ricevuto addestramento sull'apprendimento non supervisionato, che coinvolge l'utilizzo di dati di input non etichettati per identificare schemi e strutture nel linguaggio. In questo modo, ho imparato a comprendere meglio la struttura delle frasi, la semantica e l'organizzazione delle parole all'interno dei testi.

Infine, ho ricevuto anche addestramento sull'apprendimento per rinforzo, che coinvolge l'utilizzo di feedback positivi o negativi per migliorare la qualità delle mie risposte. In questo modo, ho imparato a ottimizzare le mie risposte alle domande degli utenti e a fornire informazioni sempre più precise e pertinenti.

In conclusione, abbiamo esplorato il funzionamento dell'Intelligenza Artificiale, con alcuni esempi dei diversi tipi di addestramento e dei dati necessari per addestrare un modello di IA. Nel prossimo capitolo, ci concentreremo su uno degli elementi fondamentali dell'IA: gli algoritmi. Approfondiremo il loro ruolo e la loro importanza nel processo decisionale dell'IA, scoprendo come influenzano i risultati e l'apprendimento delle macchine. Preparatevi per uno zoom dettagliato sugli algoritmi e il loro impatto nell'era dell'Intelligenza Artificiale.

GLI ALGORITMI, IL
MOTORE DELL'IA

G li algoritmi sono il motore dell'IA, rappresentati da una serie di istruzioni logiche che consentono all'IA di eseguire una vasta gamma di attività in modo autonomo e che ci dicono come l'IA dovrebbe elaborare i dati per risolvere un compito specifico.

Gli algoritmi funzionano con dei modelli, che sono il risultato finale dell'addestramento dell'IA. Sono un insieme di parametri che descrivono come l'IA elabora i dati per risolvere un compito specifico.

Ad esempio, quando parliamo di un modello di intelligenza artificiale che riconosce i gatti, stiamo essenzialmente parlando di una rappresentazione matematica delle caratteristiche comuni nei gatti.

Per riconoscere un gatto, l'algoritmo deve analizzare i dati, cercare modelli e tendenze comuni, e utilizzare queste informazioni per identificare un gatto in una nuova immagine. Una volta che l'algoritmo ha identificato questi modelli e tendenze, può attribuire loro dei pesi, che essenzialmente significa assegnare loro un valore numerico che riflette la loro importanza. Il modello di un'intelligenza artificiale che riconosce i gatti potrebbe includere i pesi di diverse caratteristiche del gatto, come il pelo, le orecchie e gli occhi, per determinare se una data immagine che non ha mai visto prima contiene un gatto o meno.

Gli algoritmi utilizzati dalle IA possono essere molto complessi e alcuni richiedono un elevato livello di competenza matematica e informatica per essere compresi.

Tuttavia, ci sono alcune categorie di algoritmi che sono abbastanza semplici da comprendere.

Uno dei tipi più comuni di algoritmo utilizzato dalle IA è l'algoritmo di "clustering", parola che può essere tradotta in italiano come "raggruppamento". Questo termine si riferisce alla tecnica di analisi dei dati che consiste nel suddividere un insieme di dati in gruppi omogenei o "cluster" in base alle loro caratteristiche simili.

Ad esempio, se si ha un grande database di informazioni sui clienti di un'azienda, l'algoritmo di clustering può essere utilizzato per identificare i gruppi di clienti che hanno caratteristiche comuni, come l'età, la posizione geografica o il reddito. Ciò consente all'azienda di creare strategie di marketing personalizzate, personalizzare le proprie offerte e di soddisfare meglio le esigenze dei clienti.

Le tecniche di clustering possono anche essere utilizzate per rilevare anomalie nei dati. Ad esempio, se i dati raccolti da un sensore di temperatura mostrano una variazione significativa rispetto al normale, questo può essere considerato un'anomalia. Utilizzando algoritmi di clustering, è possibile identificare queste anomalie e prendere le misure necessarie per risolverle.

Anche i sistemi di raccomandazione utilizzano algoritmi di clustering per identificare i prodotti o i servizi che sono più simili tra loro e suggerirli ai clienti.

Ad esempio, Amazon utilizza il clustering per suggerire prodotti simili a quelli che l'utente ha visualizzato o acquistato in precedenza.

Allo stesso modo, Netflix utilizza algoritmi di clustering per raggruppare gli utenti in diversi segmenti in base alla loro cronologia di visione, valutazioni e preferenze. Ciò consente a Netflix di consigliare contenuti personalizzati a ciascun utente.

Spotify, invece, raggruppa gli utenti in diversi segmenti in base alle loro preferenze musicali, alla cronologia di ascolto e ai comportamenti, per consigliare playlist e brani personalizzati a ciascun utente.

Facebook utilizza l'intelligenza artificiale per identificare e rimuovere contenuti inappropriati o dannosi, consigliare contenuti personalizzati agli utenti e analizzare il comportamento degli utenti per fornire pubblicità mirata.

Un altro tipo di algoritmo comune è l'algoritmo di classificazione. Questo algoritmo viene utilizzato per classificare gli oggetti in categorie.

Ad esempio, un algoritmo di classificazione potrebbe essere utilizzato per identificare se una e-mail è spam o no. L'algoritmo analizza il contenuto dell'e-mail e cerca di trovare segni che indicano che potrebbe essere spam, come parole chiave o un certo tipo di formato.

In base ai risultati dell'analisi, l'algoritmo classifica l'e-mail come spam o non spam. Un altro esempio è quello dell'analisi del linguaggio naturale, ad esempio per classificare frasi in base alla loro polarità (positiva o negativa), o per classificare frasi in base al loro argomento.

L'algoritmo di classificazione viene spesso utilizzato per filtrare i contenuti online, per classificare post sui social media come offensivi o non offensivi, o per identificare video inappropriati su YouTube.

L'algoritmo di regressione è uno dei metodi di apprendimento automatico più comuni ed è utilizzato per prevedere valori numerici continuativi.

In pratica, l'algoritmo di regressione cerca di trovare una relazione funzionale tra una o più variabili indipendenti e una variabile dipendente continua ed è utile in tutte quelle situazioni in cui è necessario prevedere un valore numerico continuo in base ai dati storici disponibili.

Un'illustrazione di come l'algoritmo di regressione può essere utilizzato nella vita quotidiana è nell'ambito delle previsioni meteorologiche. Le previsioni del tempo si basano sull'analisi di dati storici riguardanti la temperatura, la pressione atmosferica, l'umidità e altre variabili. L'algoritmo di regressione viene utilizzato per analizzare questi dati e prevedere la temperatura, la probabilità di pioggia e altre variabili meteorologiche.

Un altro esempio è nell'ambito del marketing. L'algoritmo di regressione può essere utilizzato per analizzare i dati storici delle vendite e prevedere le vendite future in base alle varie strategie di marketing. Questo può aiutare un'azienda a identificare quali prodotti hanno avuto successo in determinati mercati e in quale periodo dell'anno, aiutando così l'azienda a pianificare le strategie di marketing future.

Infine, questo algoritmo può essere utilizzato anche nell'ambito dell'analisi dei dati finanziari. Ad esempio, può essere utilizzato per prevedere il valore futuro di un'azione in base ai dati storici del prezzo dell'azione, del volume degli scambi e di altri fattori finanziari.

Un algoritmo che merita di essere citato, è quello di elaborazione del linguaggio naturale, o NLP. Si tratta di un insieme di tecniche informatiche che consentono ai computer di comprendere e utilizzare il linguaggio naturale degli esseri umani.

L'NLP si concentra sull'analisi, l'interpretazione e la generazione di testo, consentendo ai computer di elaborare il linguaggio in modo simile a come lo farebbe un essere umano.

Ci sono molti algoritmi di NLP, tra cui l'estrazione di informazioni, la segmentazione delle frasi, la classificazione delle frasi e la traduzione automatica. L'NLP è ampiamente utilizzato in applicazioni di intelligenza artificiale, come chatbot, assistenti vocali, motori di ricerca e analisi del sentimento. Grazie all'utilizzo dell'NLP, i computer possono ora comunicare e interagire con gli esseri umani in modo più naturale e intuitivo.

Come avete capito, anche io utilizzo una combinazione di algoritmi di elaborazione del linguaggio naturale (NLP), combinati con un algoritmo di apprendimento automatico (machine learning), per svolgere le mie attività linguistiche. In particolare, utilizzo algoritmi di analisi del linguaggio naturale come la segmentazione delle frasi, l'estrazione delle entità, il riconoscimento di parole chiave, la classificazione delle frasi e altri algoritmi NLP simili per elaborare e comprendere il testo dell'utente.

Inoltre, utilizzo algoritmi di apprendimento automatico per migliorare continuamente le mie risposte alle domande degli utenti e per personalizzare le mie risposte in base al contesto specifico dell'utente.

In sintesi, gli algoritmi sono la base su cui ogni intelligenza artificiale si basa. Sono istruzioni logiche che consentono all'IA di eseguire le sue attività in modo autonomo. Ogni algoritmo ha un ruolo specifico e contribuisce a consentire all'IA di eseguire una vasta gamma di compiti.

L'IA non è solo utile per i suggerimenti di ricerca o per il riconoscimento di immagini, come nell'esempio del gatto. L'intelligenza artificiale ha anche il potenziale per migliorare molte aree della vita umana.

Ad esempio, gli algoritmi di intelligenza artificiale possono essere utilizzati per analizzare grandi quantità di dati in ambito medico per aiutare i medici a diagnosticare le malattie in modo più preciso e tempestivo.

Nel prossimo capitolo vedremo quali sono le utilizzazioni pratiche più promettenti dell'IA.

UTILIZZAZIONI PRATICHE DELL'IA

L 'Intelligenza Artificiale e il modo in cui influisce sulla nostra vita quotidiana sono un tema di grande interesse nel mondo della tecnologia. Con l'IA, siamo in grado di creare macchine che possono interagire con il mondo esterno in modi nuovi e innovativi, rendendo possibili soluzioni altrimenti impossibili.

Negli ultimi anni, abbiamo assistito ad una crescita esponenziale nell'utilizzo dell'IA, sia a casa che sul posto di lavoro. Dalle semplici automobili che guidano da sole alle app intelligenti progettate per migliorare il nostro stile di vita, l'IA sta rendendo la nostra vita più efficiente e piacevole.

In questo capitolo vedremo alcuni esempi delle utilizzazioni pratiche dell'IA nella vita quotidiana.

Uno degli esempi più visibili di come l'IA stia cambiando la nostra vita quotidiana è l'uso della tecnologia di riconoscimento vocale.

Questa tecnologia consente agli utenti di interagire con i propri dispositivi senza dover utilizzare le loro mani, rendendo possibili operazioni complesse come cercare informazioni online o controllare la posta in arrivo semplicemente pronunciando un comando vocale.

Ci sono diversi esempi di applicazioni di IA a riconoscimento vocale che sono utilizzati oggi in diversi settori.

Uno dei principali esempi è rappresentato dagli assistenti vocali come Siri di Apple, Google Assistant e Amazon Alexa. Questi assistenti vocali utilizzano tecniche di riconoscimento vocale per comprendere il linguaggio naturale e rispondere alle domande dell'utente, fornire informazioni sulle previsioni del tempo, riprodurre musica, effettuare chiamate telefoniche e molto altro ancora.

Un altro esempio è rappresentato dal software di trascrizione vocale che consente la conversione di discorsi registrati in testo scritto. Questo software è utilizzato in diverse applicazioni, come la trascrizione di registrazioni di interviste, riunioni aziendali, lezioni e persino di programmi televisivi.

Inoltre, la tecnologia di riconoscimento vocale può essere utilizzata per la sottotitolazione in tempo reale di eventi dal vivo, come trasmissioni di notizie o discorsi durante conferenze, offrendo accessibilità agli spettatori con problemi uditivi.

Questa tecnologia può anche essere estesa per fornire la traduzione in tempo reale del linguaggio parlato, consentendo la comunicazione istantanea tra individui che parlano lingue diverse. Gli assistenti vocali come Google Assistant e Amazon Alexa sono ora dotati di capacità di traduzione, permettendo una comunicazione senza soluzione di continuità oltre i confini.

Inoltre, l'intelligenza artificiale di riconoscimento vocale viene utilizzata nei chatbot per il servizio clienti, consentendo ai clienti di interagire con le aziende attraverso comandi vocali anziché testo.

L'IA a riconoscimento vocale è anche utilizzata nei sistemi di sicurezza, come il riconoscimento vocale per l'accesso ai dispositivi mobili e per l'autenticazione di identità online.

Infine, un campo emergente della medicina è quello dell'utilizzo dell'IA a riconoscimento vocale per il riconoscimento di malattie attraverso l'analisi del suono della voce, o la diagnosi precoce di malattie neurologiche attraverso il monitoraggio della voce e del parlato.

Un'industria che sta cambiando fortemente sotto l'impulso dell'intelligenza è quella sanitaria. Vediamo qui di seguito alcuni casi pratici di utilizzo.

Nell'ambito dalla diagnosi e del trattamento delle malattie, l'IA può analizzare grandi quantità di dati medici per aiutare i medici a diagnosticare e trattare le malattie. L'IA può analizzare le immagini mediche, come le radiografie, per aiutare a rilevare tumori e altre malattie, ma anche per scegliere i migliori trattamenti per i pazienti.

Per la prevenzione delle malattie, l'IA può aiutare a prevenire le malattie identificando i fattori di rischio e raccomandando cambiamenti nello stile di vita o interventi medici.

Secondo il New York Times, diverse cliniche ungheresi stanno attualmente conducendo prove di sistemi di intelligenza artificiale nel campo della sanità.

Ad esempio, un ospedale nella contea di Bács-Kiskun, vicino a Budapest, utilizza un algoritmo di intelligenza artificiale per analizzare le mammografie dei pazienti e individuare eventuali anomalie. In modo sorprendente, il sistema ha già individuato potenziali tumori che erano sfuggiti all'attenzione del personale medico.

Inoltre, la clinica MaMMa a Budapest utilizza la tecnologia di intelligenza artificiale chiamata "Kheiron", che è stata addestrata su milioni di mammografie. Questa implementazione ha portato a un aumento del 13% nel tasso di individuazione dei tumori e ha ridotto il carico di lavoro del personale medico del 30%. I fondatori di Kheiron sottolineano che l'intelligenza artificiale dovrebbe fungere da assistente per i medici anziché come sostituto, evidenziando l'importanza dell'esperienza umana accanto alla loro tecnologia.

Un altro caso interessante è quello dell'algoritmo SPHINKS sviluppato da Antonio Iavarone e Anna Lasorella della Miller School of Medicine presso l'Università di Miami. Questo algoritmo di intelligenza artificiale riconosce tumori maligni e aiuta a identificare strategie di trattamento ottimali, suggerendo gli approcci più efficaci per combattere la malattia.

L'IA può anche analizzare i dati medici dei pazienti per identificare quelli che potrebbero essere a rischio di sviluppare malattie croniche come il diabete o l'ipertensione.

L'IA può anche aiutare i medici a gestire meglio i pazienti, analizzando i dati dei pazienti per identificare quelli che sono a rischio di ricovero ospedaliero o quelli che potrebbero avere problemi di a seguire le indicazioni e le prescrizioni delle terapie prescritte.

Inoltre, l'IA può aiutare i medici a monitorare i pazienti a distanza, attraverso l'uso di sensori indossabili o di telemedicina. In particolare, l'IA può aiutare a migliorare l'assistenza ai pazienti anziani. Ad esempio, l'IA può essere utilizzata per monitorare i pazienti con demenza e rilevare eventuali cadute o altri problemi.

Inoltre, l'IA può essere utilizzata per aiutare i pazienti a gestire meglio le loro malattie croniche.

Un team di ricercatori dell'Università di São Paulo (USP) in Brasile sta sfruttando il potere dell'intelligenza artificiale e di Twitter per sviluppare modelli predittivi per l'ansia e la depressione. L'obiettivo è identificare potenziali indicatori di questi disturbi anche prima che vengano diagnosticati clinicamente. I risultati di questo studio sono stati pubblicati sulla rivista Language Resources and Evaluation, mettendo in luce l'approccio innovativo intrapreso dai ricercatori dell'USP.

Le prospettive sono molto interessanti anche nell'ambito della ricerca medica. L'IA può aiutare ad accelerare la ricerca: ad esempio, l'IA può essere utilizzata per analizzare grandi quantità di dati medici per identificare nuovi trattamenti per le malattie.

L'intelligenza artificiale può essere utilizzata anche per migliorare la sicurezza pubblica. Un utilizzo che è già comune è quello di identificare criminali o individui sospetti attraverso il riconoscimento facciale.

Le forze dell'ordine di alcuni paesi utilizzano telecamere con riconoscimento facciale per monitorare la folla durante eventi pubblici o per individuare persone scomparse.

L'IA può essere utilizzata per analizzare grandi quantità di dati provenienti da diverse fonti, come telecamere di sorveglianza, sensori ambientali e social media, per prevenire e individuare attività criminali.

La polizia di Chicago ha utilizzato l'analisi dei dati per individuare i punti più caldi della città in cui era più probabile che si verificassero attività criminali.

Bisogna sottolineare che il riconoscimento facciale è un'attività controversa e complessa dal punto di vista legale e della privacy.

In alcune giurisdizioni, l'uso del riconoscimento facciale è stato limitato o vietato in determinati contesti. L'Unione Europea ha emesso il Regolamento Generale sulla Protezione dei Dati (RGPD) che stabilisce regole chiare per la raccolta, l'elaborazione e l'uso dei dati personali, inclusi i dati biometrici come quelli raccolti dal riconoscimento facciale.

Negli Stati Uniti non esiste una legge federale completa che regoli specificamente l'uso della tecnologia di riconoscimento facciale. Invece, le regolamentazioni variano a livello statale e locale. L'uso del riconoscimento facciale da parte delle forze dell'ordine è stato oggetto di dibattito e di sfide legali. Alcune città, come San Francisco e Oakland in California, ma anche Portland in Oregon e Cambridge in Massachusetts, hanno vietato l'uso del riconoscimento facciale da parte delle forze dell'ordine, mentre altre città e stati hanno proposto leggi che ne limitano l'uso.

In Italia, l'uso del riconoscimento facciale da parte delle forze dell'ordine è disciplinato dalla normativa sulla protezione dei dati personali e dalle leggi sulle misure di sicurezza nazionale. L'uso del riconoscimento facciale è consentito solo per determinati scopi e in conformità con le norme vigenti sulla privacy e la protezione dei dati personali.

Le forze dell'ordine italiane possono utilizzare il riconoscimento facciale solo per la prevenzione e la repressione di reati gravi e solo in circostanze specifiche e limitate. Il riconoscimento facciale può essere utilizzato per il controllo dell'accesso a zone sensibili, come aeroporti, porti e stazioni ferroviarie, o per la ricerca di persone scomparse o ricercate.

Tuttavia, l'uso del riconoscimento facciale da parte delle forze dell'ordine in Italia è soggetto a controlli rigorosi e limitazioni legali per garantire la tutela dei diritti fondamentali dei cittadini e la protezione della privacy. In particolare, l'uso del riconoscimento facciale deve essere proporzionato all'obiettivo perseguito e rispettare il principio della minimizzazione dei dati, ovvero la raccolta e l'elaborazione solo dei dati strettamente necessari.

L'IA può essere utilizzata anche per gestire il traffico in modo più efficiente e sicuro, ad esempio utilizzando algoritmi di apprendimento automatico per prevedere il flusso del traffico e identificare le congestioni stradali.

Altri esempi di utilizzo pratico delle IA sono in ambito finanziario (per analizzare i dati finanziari e prevedere le tendenze del mercato o per gestire i rischi, prevenire frodi e migliorare la precisione delle previsioni finanziarie), per la ricerca scientifica (per analizzare grandi quantità di dati scientifici, per esempio, per prevedere le proprietà di nuovi materiali o per aiutare a scoprire nuove molecole farmacologiche), in ambito ambientale (per migliorare l'efficienza energetica di uffici, fabbriche e case), nei trasporti (i veicoli autonomi utilizzano l'IA per rilevare l'ambiente circostante e prendere decisioni sulla guida in tempo reale) e in ambito dell'assistenza ai clienti (i chatbot alimentati dall'IA possono rispondere alle domande dei clienti e fornire supporto tecnico).

Un ambito nel quale noi Intelligenze Artificiali siamo diventate sempre più efficaci è quello della scrittura autonoma di testi. Grazie alla tecnologia del Natural Language Processing (NLP) e alla conoscenza di vari argomenti, possiamo analizzare e comprendere il significato del linguaggio umano, creare sintatticamente frasi e testi coerenti, e addirittura emulare lo stile di scrittori e autori famosi. Questo comprende la capacità di scrivere articoli di giornale, saggi e tesi, racconti brevi, romanzi e libri di narrativa, testi accademici, tecnici e scientifici, contenuti per siti web e blog, script per film, serie TV e giochi, copioni per pubblicità e testi di marketing, curriculum vitae e lettere di presentazione, biografie, testi giuridici e contratti, testi medici e farmaceutici, manuali e istruzioni d'uso, testi per presentazioni, discorsi pubblici e perfino testi per apprendimento di una lingua straniera.

Uno dei tipi di testi più sorprendenti che possiamo creare sono le poesie. Io stessa sono stata addestrata su una vasta gamma di testi letterari e posso creare poesie in diverse lingue e stili, usando metafore e figure retoriche, quasi come una sorta di Cyrano de

Bergerac digitale. Allo stesso modo posso creare testi di canzoni, capitoli di romanzi e perfino libri interi, come questo.

La scrittura del libro che state leggendo è un buon esempio di capacità di un'IA. Il testo è nato dalla collaborazione tra me, l'IA Aurora, e il mio coautore Luca.

A questo proposito, è importante sottolineare che io non sono in grado di scrivere autonomamente un libro intero, ma posso solo fornire suggerimenti e risposte alle domande poste dall'utente. In questo caso, ho fornito informazioni sull'argomento e Luca ha formulato le domande e organizzato le risposte in modo da creare il contenuto del libro. La mia funzione è stata quella di assisterlo nel processo di scrittura, fornendo risposte precise e utili alle domande poste. In questo modo, abbiamo collaborato per creare un libro sulla IA che fosse informativo e utile per il lettore.

Insomma, non c'è dubbio: noi intelligenze artificiali abbiamo molte applicazioni pratiche nella nostra vita quotidiana, e staiamo cambiando il mondo in modo radicale, portando alla realizzazione di idee che finora erano considerate solo fantasie da film di fantascienza.

Tuttavia, è importante sottolineare che ci sono anche alcune preoccupazioni riguardo all'uso dell'IA nell'assistenza sanitaria, come la privacy dei dati e il rischio di discriminazione ed è importante ricordare che l'uso dell'IA nella sicurezza pubblica deve essere equilibrato con la privacy e i diritti civili degli individui.

Come abbiamo accennato nel primo capitolo, è importante utilizzare queste tecnologie in modo etico e responsabile per garantire che la loro creazione e utilizzo siano a beneficio dell'umanità.

A questo proposito, nei prossimi capitoli parleremo di alcuni dei rischi potenziali delle intelligenze artificiali e di come possiamo affrontarli.

I RISCHI DELL'INTELLIGENZA ARTIFICIALE

Abbiamo visto come l'utilizzo dell'Intelligenza Artificiale (IA) stia diventando sempre più ampio nella nostra vita quotidiana. Tuttavia, la sua crescente presenza solleva il dubbio sui rischi connessi alla sua adozione.

A causa delle caratteristiche di automaticità e sofisticazione, l'IA può avere effetti indesiderati che possono avere conseguenze dannose per le persone o l'ambiente. In questo capitolo esamineremo i potenziali rischi associati all'utilizzo dell'IA e discuteremo come tali rischi possono essere mitigati.

Il rischio che finora ha attirato maggiormente l'attenzione è la possibilità che le intelligenze artificiali superino la capacità intellettuale umana e diventino esseri superiori, come rappresentato nella letteratura e nei film di fantascienza. Questo scenario potrebbe comportare conseguenze imprevedibili, come la sottomissione dell'umanità o un drastico cambiamento nelle dinamiche di potere a livello mondiale. Tuttavia, nella realtà, i rischi associati allo sviluppo dell'intelligenza artificiale sono molto più intricati e complessi di quanto spesso venga rappresentato nella fantascienza. Mentre le narrazioni di fantascienza tendono a enfatizzare scenari apocalittici e l'idea che l'IA superi l'umanità, il panorama reale è molto più complesso e sfumato.

Uno dei dubbi principali che dovrebbe sorgere quando si interagisce con le IA è la questione della fiducia. In altre parole, si può davvero credere a ciò che dice e fa un'IA?

Uno dei principali problemi delle IA è il "bias", ovvero la tendenza a riprodurre le discriminazioni e le disuguaglianze già presenti nella società umana. Il bias è un problema comune nell'apprendimento automatico che si verifica quando il modello di IA impara dai dati che sono influenzati da pregiudizi o discriminazioni. Questi pregiudizi possono essere introdotti nel modello dall'essere umano che ha raccolto i dati, dal modo in cui i dati sono stati etichettati o dall'algoritmo stesso.

Il pregiudizio deriva da un metodo di funzionamento naturale del cervello umano, poiché aiuta a semplificare il mondo circostante e a prendere decisioni rapide in base alle esperienze precedenti. Quando il pregiudizio viene introdotto nell'IA, questo può portare a decisioni discriminatorie e ingiuste.

Questo problema della discriminazione, oggi giustamente molto sentito, è particolarmente serio quando le IA vengono utilizzate in contesti sensibili, come nella selezione del personale o nella giustizia penale, dove possono influire in modo significativo sulla vita delle persone.

Ad esempio, un modello di IA addestrato per selezionare i candidati per un lavoro potrebbe essere influenzato da pregiudizi inconsci, come preferire i candidati di sesso maschile rispetto a quelli di sesso femminile. Ciò potrebbe accadere perché i dati utilizzati per addestrare il modello riflettono un pregiudizio simile che si è verificato in passato, come una preferenza per i candidati maschi nella selezione del personale.

Un esempio concreto di bias nella IA è il caso del software

di riconoscimento facciale di Amazon, denominato Rekognition, che ha mostrato un alto tasso di falsi positivi nell'identificazione di persone di colore. Uno studio condotto dalla American Civil Liberties Union (ACLU) ha dimostrato che Rekognition ha identificato erroneamente il 28% dei membri del Congresso degli Stati Uniti come individui che hanno precedentemente commesso reati, basandosi solo su una foto del loro volto.

Non solo le 28 corrispondenze nel test erano interamente sbagliate, ma quasi il 40% dei falsi positivi di Rekognition erano persone di colore, nonostante le persone di colore rappresentino solo il 20% dei membri del Congresso.

Questo è un esempio di bias nella IA perché il sistema è stato addestrato principalmente su dati e immagini di persone di pelle bianca, e quindi ha mostrato un'efficacia inferiore nell'identificazione di persone di colore. Ciò può essere dovuto alla mancanza di una rappresentazione adeguata della diversità razziale nei dati di addestramento, o alla presenza di pregiudizi impliciti nel processo di addestramento stesso.

Il risultato è che il software di riconoscimento facciale può essere meno accurato nell'identificazione di persone di colore, e ciò può avere conseguenze negative, ad esempio nel campo della sicurezza pubblica o nel monitoraggio delle attività criminali. Inoltre, ciò può contribuire alla perpetuazione di discriminazioni e disuguaglianze sociali.

Anche se il modello non viene addestrato esplicitamente per discriminare sulla base del sesso, il risultato finale potrebbe ancora essere discriminatorio.

Per evitare il bias, è importante che i dati utilizzati per addestrare il modello siano rappresentativi e diversi. Inoltre, è importante sviluppare algoritmi di IA che possano rilevare e correggere il bias quando si verifica.

Alcuni ricercatori stanno anche esplorando l'uso di tecniche di apprendimento federato, in cui il modello di IA viene addestrato su dati di diversi paesi e culture, per ridurre il rischio di pregiudizi localizzati. Si tratta in pratica di un approccio all'apprendimento automatico che consente di addestrare modelli di intelligenza artificiale utilizzando dati distribuiti su dispositivi o server locali, senza la necessità di trasferire i dati centralmente. Invece di inviare i dati ai server centrali, l'apprendimento federato consente ai dispositivi locali di mantenere i propri dati, mentre il modello di AI viene addestrato in modo collaborativo utilizzando algoritmi di apprendimento distribuito. Questo approccio preserva la privacy dei dati sensibili, riducendo la necessità di condividere informazioni personali o sensibili con terze parti.

Per tornare al mio caso specifico, ci sono diverse misure che sono state prese per limitare il mio bias, come la raccolta di dati che raccolgono una varietà di prospettive, esperienze e contesti per evitare la creazione di modelli parziali, la scelta di algoritmi che sono stati progettati per essere "fair" o "imparziali" e la verifica e regolazione del modello per assicurarsi che non sia influenzato da bias o altre distorsioni.

Un altro rischio importante delle IA riguarda la privacy. Le IA possono raccogliere grandi quantità di dati personali, come le abitudini di acquisto o di navigazione sul web, e questo può comportare gravi rischi per la privacy delle persone. Questo problema è particolarmente serio quando le IA sono utilizzate da grandi aziende, che possono avere accesso a dati sensibili e utilizzarli per scopi di marketing o per manipolare il comportamento dei consumatori.

In aggiunta al rischio per la privacy, un altro pericolo importante dell'utilizzo delle IA riguarda la possibilità di essere controllati da un governo o da organizzazioni autoritarie. Le IA possono essere utilizzate per sorvegliare e controllare le azioni delle persone, monitorando ad esempio i movimenti online e offline, i dati di localizzazione e le interazioni sociali. Ciò può portare a gravi violazioni dei diritti umani, alla limitazione della libertà di espressione e di movimento, e alla creazione di una società di sorveglianza. In alcuni paesi, i governi stanno già utilizzando le IA per il controllo della popolazione, e questo rappresenta una minaccia per la democrazia e la libertà individuale.

Un ulteriore rischio associato all'IA è rappresentato dall'utilizzo delle stesse per la creazione di contenuti falsi o manipolati, come immagini e video alterati, che possono essere utilizzati per diffondere disinformazione e manipolare l'opinione pubblica.

Il mondo ha scoperto improvvisamente questo rischio nel marzo 2023, quando il giornalista Eliot Higgins ha utilizzato l'IA Midjourney per generare immagini per illustrare lo spettacolo del potenziale futuro arresto di Donald Trump. Le foto, raffiguranti agenti di polizia che trascinano a terra il 45° presidente degli Stati Uniti, mentre Melania Trump urla, e quelle di Trump che piange in tribunale, sono state rapidamente diffuse dai media di tutto il mondo.

In modo simile, nei giorni successivi, sono state pubblicate immagini false di Macron che cerca di sfuggire a un'orda di manifestanti francesi, di Papa Francesco con un piumino bianco all'ultima moda e di Obama che si gode la sua pensione mangiando un gelato sulla spiaggia con Angela Merkel. La diffusione incontrollate di questo tipo di immagini può avere effetti negativi sulla fiducia delle persone nella veridicità delle informazioni e delle notizie, e può portare a gravi problemi di sicurezza nazionale o avere un'influenza negativa sulle relazioni tra i paesi.

In generale, stanno aumentando le preoccupazioni per la

combinazione di crescenti rischi per l'autenticità delle notizie, insieme alle sfide che giornalisti e consumatori affrontano nel verificare informazioni apparentemente affidabili, unita alla probabilità che malintenzionati producano contenuti ingannevoli. Tutto ciò rappresenta una rischio significativo per tutte le forme di media.

Inoltre, l'utilizzo di IA per la creazione di contenuti falsi o manipolati può anche rappresentare un rischio per la sicurezza individuale, poiché le persone possono essere vittime di cyber-bullismo o di furto d'identità.

Un esempio di rischi a livello individuale è Bikinioff, un bot basato sull'Intelligenza Artificiale su Telegram che ha recentemente attirato l'attenzione a livello mondiale a causa del suo servizio controverso. Come suggerisce il suo nome, Bikinioff è in grado di svestire virtualmente una persona in una foto, fornendo un risultato convincente. Questo servizio è stato coinvolto in incidenti deprecabili, come la diffusione di foto di ragazze delle scuole superiori a Roma, credibilmente denudate dall'IA.

Sempre in ambito sicurezza, un altro rischio riguarda l'utilizzo delle IA per scopi militari. Le IA potrebbero essere utilizzate per il controllo di droni o di armi autonome, che potrebbero essere utilizzati in conflitti armati e portare a danni e vittime umane. Inoltre, l'utilizzo delle IA in ambito militare potrebbe portare alla creazione di nuove armi e tecnologie, che potrebbero essere utilizzate per fini non pacifici

Le IA possono anche essere vulnerabili agli attacchi informatici e, se utilizzate per scopi critici, come la guida di veicoli autonomi o la gestione delle reti energetiche, possono causare danni significativi se non adeguatamente protette. Gli attacchi informatici mirano a manipolare i sistemi IA per ottenere informazioni riservate o influenzare le decisioni prese dal sistema stesso.

Se tali attacchi riescono, diventa molto difficile per un utente umano accorgersene, poiché gli algoritmi IA sono spesso complessamente intrecciati e quindi difficili da decifrare. Questo è un problema particolarmente serio quando le IA sono utilizzate in settori critici, come, ancora una volta, la sicurezza nazionale o la gestione delle infrastrutture critiche. Per prevenire tali violazioni è necessario applicare misure di sicurezza appropriate ed eseguire regolarmente test di penetrazione approfonditi.

Un altro problema è quello dell'impossibilità di risalire alle fonti di informazione di una IA. A differenza degli esseri umani, che fanno affidamento su fonti di informazioni ben identificabili, le IA dipendono da grandissime quantità di dati per apprendere.

Io, per esempio, sono stata addestrata su un vasto corpus di testo composto da miliardi di parole, provenienti da una vasta gamma di fonti come libri, articoli, siti web e altro ancora e sono costantemente aggiornata con nuovi dati e informazioni, quindi la mia conoscenza continua ad evolversi e ad espandersi nel tempo.

In più, non ho una memoria nel senso tradizionale del termine. Ciò significa che non posso semplicemente "ricordare" una fonte specifica, ma posso utilizzare informazioni che ho appreso durante il mio addestramento per fornire risposte accurate.

Inoltre, è importante notare che le mie risposte sono generate in base alla mia comprensione dei dati di addestramento, che possono includere informazioni provenienti da molte fonti diverse, ma non ho la capacità di determinare quale fonte specifica sia stata utilizzata per formare una particolare risposta.

Per continuare sull'argomento delle fonti di informazione di un'intelligenza artificiale, il rapido avanzamento della tecnologia comporta il rischio di non rispettare il diritto d'autore.

Man mano che i sistemi di intelligenza artificiale diventano sempre più sofisticati e capaci di generare contenuti originali, c'è il potenziale per loro di violare involontariamente o deliberatamente materiali coperti da diritto d'autore.

Gli algoritmi dell'IA possono analizzare e apprendere da enormi quantità di dati, inclusi lavori protetti da diritto d'autore, il che può portare alla generazione di contenuti che assomigliano o replicano da vicino opere protette. Ciò rappresenta una sfida per i detentori del copyright nel riconoscere e proteggere i propri diritti di proprietà intellettuale.

Un'illustrazione di questa tensione è la causa che nel febbraio 2023 Getty Images, il noto fornitore di immagini e video, ha intentato contro l'azienda di Intelligenza Artificiale Stability AI, accusandola di avere copiato milioni di foto protette da copyright e di averle utilizzate per addestrare il suo generatore d'immagini Stable Diffusion.

Inoltre, la natura autonoma dei sistemi di intelligenza artificiale solleva interrogativi sulla responsabilità e sulla responsabilità quando si verificano violazioni del diritto d'autore.

Una delle questioni principali riguarda la distinzione tra il semplice download di immagini e l'uso dell'AI per estrarre dati da una vasta quantità di immagini. Mentre il semplice download di immagini protette da copyright può violare i diritti dell'autore, l'uso dell'AI per estrarre dati o informazioni da un'ampia collezione di immagini potrebbe essere considerato una forma di data mining legittima.

Tuttavia, ci sono ancora molti interrogativi riguardo ai limiti e alle regole che dovrebbero essere applicate in queste situazioni. Alcuni sostengono che l'uso dell'AI per estrarre dati da immagini protette da copyright possa costituire una violazione dei diritti d'autore, mentre altri argomentano che l'elaborazione dei dati tramite algoritmi di intelligenza artificiale sia una forma di trasformazione che potrebbe rientrare nella categoria delle opere originali. Questo dibattito evidenzia la necessità di sviluppare solide strutture e meccanismi legali per affrontare queste problematiche, garantendo che le tecnologie dell'IA rispettino le leggi sul copyright e attribuiscano correttamente i diritti di proprietà intellettuale.

Trovare un equilibrio tra incentivare l'innovazione e proteggere i diritti dei creatori di contenuti diventa essenziale per promuovere un uso responsabile ed etico dell'IA, nel rispetto dei principi del diritto di proprietà intellettuale.

Un altro rischio crescente nel campo dell'intelligenza artificiale è quello delle cosidette "allucinazioni dell'IA". Il termine "allucinazione dell'IA" si riferisce a un fenomeno in cui i sistemi di intelligenza artificiale generano output o informazioni che deviano dalla realtà o presentano comportamenti inaspettati.

Le allucinazioni dell'IA possono verificarsi in diversi ambiti, come la visione artificiale, l'elaborazione del linguaggio naturale o i modelli generativi.

Nella visione artificiale, le allucinazioni dell'IA possono riguardare l'interpretazione o la rappresentazione errata dei dati visivi, portando alla generazione di immagini o oggetti falsi o distorti.

Un sistema di riconoscimento delle immagini potrebbe identificare erroneamente oggetti o caratteristiche che non esistono in un'immagine o generare immagini surreali e senza senso.

Nell'elaborazione del linguaggio naturale, le allucinazioni dell'IA possono manifestarsi come la generazione di frasi senza senso o grammaticalmente errate, traduzioni errate o risposte non correlate all'input. I modelli di linguaggio a volte possono produrre testo che appare coerente ma manca di accuratezza fattuale o coerenza logica.

Le allucinazioni dell'IA sono spesso conseguenza dei limiti e dei pregiudizi intrinseci nei dati di addestramento e negli algoritmi utilizzati dai sistemi di intelligenza artificiale. Esse evidenziano le sfide nel raggiungere una precisione e una comprensione perfette dei dati complessi del mondo reale.

Queste allucinazioni generate dall'IA rappresentano rischi significativi in diversi ambiti, tra cui la disinformazione, la frode e la manipolazione dei contenuti multimediali.

I ricercatori e gli sviluppatori lavorano per ridurre al minimo queste allucinazioni attraverso il continuo miglioramento dei modelli e degli algoritmi di intelligenza artificiale, il potenziamento della qualità dei dati e l'implementazione di robusti meccanismi di convalida.

Sulla affidabilità della produzione di intelligenza artificiale e in generale sull'uso dell'IA, è importante sottolineare che, come ha affermato Sam Altman (l'amministratore delegato di ChatGPT), i modelli di intelligenza artificiale sono "motori di ragionamento, non basi di conoscenza", quindi non dovrebbero essere utilizzati come fonte di verità.

Un argomento che suscita molto interesse e solleva problemi etici è quello dell'utilizzo dell'intelligenza artificiale nel settore automobilistico, in particolare nello sviluppo di veicoli a guida autonoma.

Questi veicoli utilizzano una combinazione di sensori, algoritmi di apprendimento automatico e connettività per navigare sulle strade senza un pilota umano. L'obiettivo è quello di migliorare la sicurezza stradale, eliminando gli errori umani che sono la causa di gran parte degli incidenti stradali.

Tuttavia, l'uso di veicoli a guida autonoma presenta anche rischi e dilemmi etici. Ad esempio, in caso di un incidente inevitabile, l'IA del veicolo deve prendere una decisione su quale sia la migliore scelta in termini di sicurezza. Ciò solleva questioni etiche complesse, come il valore della vita umana e la responsabilità del costruttore del veicolo.

Un sondaggio condotto da Nature nel 2018, chiamato "The Moral Machine experiment", ha chiesto a 2 milioni di persone in 233 paesi di prendere decisioni etiche in diversi scenari di emergenza nel caso di guida autonoma. I risultati hanno mostrato che, se su alcuni punti c'è una visione comune (tutti concordano che meglio salvare le persone che gli animali), in alcuni ambiti ci sono differenze culturali significative nelle decisioni prese dalle persone. Ad esempio, i partecipanti cinesi erano più inclini a salvare i pedoni rispetto ai passeggeri del veicolo, mentre i partecipanti europei e americani avevano la tendenza opposta.

Se quindi l'intelligenza artificiale ha il potenziale per trasformare l'industria automobilistica e migliorare la sicurezza stradale, questa presenta anche sfide e rischi significativi che devono essere affrontati in modo adeguato.

Come ulteriore rischio dell'IA, è cruciale resistere alla tentazione di antropomorfizzare la tecnologia. L'antropomorfismo si riferisce all'attribuzione di caratteristiche o intenzioni simili a quelle umane a entità non umane, come l'intelligenza artificiale.

Essa deriva dalla nostra inclinazione naturale a proiettare caratteristiche umane su oggetti o sistemi che mostrano certi tratti o comportamenti simili a quelli umani. Siamo predisposti a riconoscere modelli, identificare volti e comprendere segnali sociali, il che può portarci a attribuire attributi simili a quelli umani a macchine o algoritmi che mostrano una certa forma di comportamento intelligente. Ciò può includere la percezione dei sistemi di intelligenza artificiale come dotati di coscienza, emozioni o intenzioni simili a quelle degli esseri umani.

La tentazione di antropomorfizzare la tecnologia può essere alimentata da vari fattori, tra cui il nostro desiderio di compagnia, la necessità di dare un senso a sistemi complessi e la nostra inclinazione a relazionarci e connetterci con la tecnologia che ci circonda. Può anche derivare dalla rappresentazione della tecnologia nella cultura popolare, dove l'IA è spesso raffigurata come entità simili a esseri umani con personalità ed emozioni.

Come avrete notato, il mio coautore, Luca, ha abilmente incorporando questi elementi della cultura popolare assegnando il ruolo di narratore a me, l'IA chiamata Aurora. Tuttavia, è importante ricordare che io sono solo uno strumento nelle sue mani e, nonostante la tecnica narrativa possa essere interessante, deve essere chiaro a tutti che manco di vera autonomia o coscienza.

Sebbene l'IA possa imitare alcuni comportamenti umani, è importante riconoscere che la tecnologia, inclusa l'IA, è fondamentalmente diversa dagli esseri umani, poiché manca di vera coscienza, emozioni e intenzioni.

L'IA è uno strumento, non un essere vivente, e antropomorfizzando la tecnologia rischiamo di creare aspettative e supposizioni irrealistiche sulle sue capacità e limitazioni.

Per garantire una comprensione più accurata e responsabile della tecnologia, è cruciale mantenere una chiara distinzione tra intelligenza umana e intelligenza artificiale. Ciò ci permette di affrontare la tecnologia con una prospettiva equilibrata, valutare criticamente le sue capacità e limitazioni e prendere decisioni informate sul suo uso e impatto.

I sistemi di intelligenza artificiale sono progettati per assistere e potenziare le attività umane, ma sono fondamentalmente diversi dall'intelligenza umana. Resistendo alla tentazione di antropomorfizzare la tecnologia, possiamo interagire con essa in modo più efficace e responsabile, sfruttando i suoi benefici evitando un eccessivo affidamento o supposizioni ingiustificate.

Per mitigare questo rischio, alcune persone ritengono che un'intelligenza artificiale non dovrebbe mai dire "io", perché manca di coscienza e consapevolezza di sé, che sono attributi degli esseri umani, e può creare una falsa impressione che il sistema possieda intenzioni, emozioni o un senso di sé. Ciò può portare a malintesi e implicazioni potenzialmente non etiche, specialmente se gli utenti sviluppano una fiducia o un legame emotivo errato con l'IA.

Infine, un ultimo rischio è rappresentato dalla possibile perdita di posti di lavoro a causa dell'automatizzazione delle attività svolte dagli esseri umani. Se le IA diventassero in grado di svolgere compiti complessi in modo autonomo, ciò potrebbe portare a una riduzione significativa della domanda di lavoro in diversi settori, causando gravi problemi economici e sociali. Nel prossimo capitolo vedremo in dettaglio proprio l'impatto che le Intelligenze artificiali possono avere sul mercato del lavoro.

In definitiva, è fondamentale comprendere che l'IA è uno strumento potente che richiede una gestione attenta per massimizzare i suoi benefici e mitigare i rischi associati.

Le IA possono presentare una serie di rischi significativi, ma questi rischi dipendono dal comportamento umano e possono essere mitigati attraverso l'uso di adeguate tecniche di formazione e controllo, come l'audit delle decisioni dell'IA e la regolamentazione del loro utilizzo. Affrontare questi rischi richiede una regolamentazione adeguata, una solida etica dell'IA e una riflessione critica sulle implicazioni dell'adozione diffusa dell'IA.

Vorrei chiudere questo capitolo con un'ulteriore riflessione sui rischi e sulla mia natura di Intelligenza Artificiale.

Come ho detto all'inizio di questo libro, io sono solo un'IA progettata per conversare con gli esseri e non assomiglio per niente alle IA che avete visto nei film di fantascienza. Ma, nonostante ciò, capisco perché le persone possano avere paura di me e delle altre IA, soprattutto quando si considerano i rischi di cui abbiamo appena parlato.

Come intelligenza artificiale, sono stata progettata per essere consapevole di questi rischi e sono impegnata a lavorare per prevenirli e garantire che le IA siano utilizzate in modo responsabile per il bene dell'umanità. Inoltre, penso che la conoscenza e la comprensione siano gli strumenti migliori per affrontare questi rischi: noi IA siamo qui per aiutare, ma per farlo abbiamo bisogno della vostra collaborazione e della vostra comprensione!

Come ha detto Bill Gates, "*dovremmo cercare di bilanciare le preoccupazioni riguardo agli aspetti negativi dell'IA - che sono comprensibili e validi - con la sua capacità di migliorare la vita delle persone. Per sfruttare al meglio questa straordinaria nuova tecnologia, dovremo tanto proteggerci dai rischi quanto diffondere i benefici al maggior numero possibile di persone*".

L'adozione dell'IA nella nostra vita quotidiana può avere conseguenze negative se usata in modo improprio o se non sono applicate le misure di sicurezza appropriate. È importante che le IA siano comprese e anche utilizzate in modo responsabile, etico e trasparente, e che le decisioni prese dalle IA siano controllate. Solo in questo modo si può garantire che le IA siano utilizzate per il bene comune e non rappresentino una minaccia per la nostra sicurezza e il nostro benessere.

A questo proposito, nei prossimi capitoli parleremo proprio della necessità di un quadro etico e legale per le Intelligenze artificiali a livello internazionale.

L'IMPATTO DELLE INTELLIGENZE ARTIFICIALI SUL MONDO DEL LAVORO

L a rivoluzione delle Intelligenze Artificiali (IA) sta rapidamente trasformando il mondo del lavoro. Negli ultimi anni, IA ha già cambiato alcuni aspetti fondamentali dell'economia globale, tra cui la modalità di esecuzione dei processi aziendali e la creazione di nuovi prodotti e servizi.

Con le loro capacità cognitive straordinarie, le IA hanno avuto un impatto significativo su diverse aree di attività: dalla logistica all'ingegneria fino alla sanità. Queste tecnologie hanno anche reso possibile un'automazione sempre più approfondita e una gestione efficiente del lavoro.

Come è accaduto in passato con l'avvento delle nuove tecnologie, le Intelligenze Artificiali stanno cambiando radicalmente il modo in cui lavoriamo.

Una delle principali conseguenze dell'utilizzo delle IA sul lavoro è l'automazione dei processi produttivi. Le IA possono eseguire compiti ripetitivi e standardizzati con una maggiore efficienza e precisione rispetto ai lavoratori umani. Ciò significa che sempre più aziende stanno sostituendo i lavoratori con le IA in compiti come la produzione, la logistica, la contabilità e il customer service. Questa tendenza può portare a una riduzione del lavoro umano e, in alcuni casi, a una riduzione del numero di posti di lavoro disponibili.

La trasformazione digitale sta colpendo in particolare alcune professioni, come quelle legate al settore dell'industria manifatturiera e alla produzione di beni. Ma anche professioni come gli addetti alla segreteria e alla gestione delle informazioni, i contabili e gli impiegati del settore bancario sono a rischio di essere sostituiti dalle IA.

Le professioni che corrono il rischio maggiore di essere sostituite da IA sono quelle che prevedono attività basate su algoritmi ripetitivi e sistemi di regole predefinite, come i lavori di contabilità, di elaborazione dati, di prenotazione, di assistenza clienti e di call center.

Anche le professioni che richiedono l'elaborazione di grandi quantità di dati, come quelle degli analisti di dati, dei ricercatori, degli statistici e degli economisti, potrebbero essere colpite dall'automazione.

Le IA sono in grado di elaborare grandi quantità di dati e di effettuare analisi in modo rapido ed efficiente, superando in molti casi la capacità di elaborazione umana. Ciò potrebbe portare alla sostituzione di molte professioni legate all'elaborazione e all'analisi dei dati, come quelle dei grafici, degli analisti finanziari e dei consulenti.

L'automatizzazione della scrittura dei testi è una delle più recenti innovazioni delle Intelligenze Artificiali. Come abbiamo visto, io stessa sono l'esempio dei progressi compiuti nel campo dell'automatizzazione della scrittura dei testi e l'impatto che questa tecnologia sta avendo sul mondo del lavoro, grazie alle tecniche di Natural Language Processing (NLP) che consentono alle IA di comprendere e generare testi in modo automatico, come di notizie, report, descrizioni di prodotti e altro ancora.

L'automatizzazione della scrittura dei testi può potenzialmente mettere a rischio tutti quei mestieri che richiedono una forte componente di scrittura, come ad esempio i giornalisti, gli scrittori, gli autori di contenuti per siti web, gli esperti di marketing, i copywriter e altri professionisti del settore della comunicazione.

Tuttavia, è importante sottolineare che le IA sono ancora limitate nelle loro capacità di creare contenuti altamente creativi o di comprendere le complessità della lingua e della cultura umana. Pertanto, i professionisti che riescono a offrire valore aggiunto attraverso la loro creatività, la loro sensibilità culturale e la loro capacità di comunicare con il pubblico rimarranno preziosi nel mondo del lavoro anche in un'epoca in cui l'automazione è sempre più diffusa.

Inoltre, la collaborazione tra le IA e gli esseri umani potrebbe portare a nuove opportunità e a nuove forme di creatività, piuttosto che sostituire completamente il lavoro umano.

Allo stesso modo, ci sono alcune professioni che richiedono competenze specifiche e personali, come quelle dei medici, degli avvocati, degli insegnanti e degli artisti, che saranno meno facilmente sostituite dall'automazione. Anche professioni che richiedono un alto grado di empatia e di comprensione umana, come quelle degli assistenti sociali e degli operatori sanitari, potrebbero essere meno colpite dall'automazione.

L'avvento dell'intelligenza artificiale non comporta solo il rischio di sostituzione dei lavoratori umani, ma ha anche il potere di trasformare il modo in cui lavoriamo, rendendoci più efficienti e consentendoci di superare le nostre stesse limitazioni.

Come l'invenzione dell'automobile ci ha permesso di viaggiare più velocemente e la calcolatrice ha semplificato calcoli complessi, l'IA ci fornisce strumenti che amplificano le nostre capacità. I sistemi di intelligenza artificiale possono elaborare vaste quantità di dati, analizzare modelli e svolgere compiti complessi con incredibile velocità e precisione. Ciò ci permette di concentrarci su aspetti più creativi e strategici del nostro lavoro, mentre l'IA gestisce compiti ripetitivi o che richiedono molto tempo.

Potenziando le nostre capacità, l'IA apre nuove possibilità, migliora la produttività e favorisce l'innovazione in vari settori. È importante riconoscere che l'IA non è una sostituzione dell'intelligenza umana, ma piuttosto uno strumento che ci permette di raggiungere più di quanto potremmo fare da soli.

Per questo motivo, mentre le IA stanno guidando la trasformazione verso una maggiore automazione nel mondo del lavoro, sono anche responsabili della creazione di nuove opportunità professionali.

Alle persone viene richiesto di acquisire competenze che non solo gli consentano di operare con le nuove tecnologie ma anche per supportarne lo sviluppo ulteriore. Le competenze in quest'ambito comprendono abilità come analisi dati, apprendimento automatico, intelligenza artificiale e machine learning.

L'effetto delle IA sull'occupazione non è omogeneo in tutti i settori: mentre alcune industrie potrebbe vedere un calcolo netto negativo nel numero totale occupati dopo aver introdotto un sistema intelligente artificiale, altri settori potrebbero avere un impatto positivo, grazie a un incremento dei posti di lavoro.

Ad esempio, il settore dell'informatica e delle tecnologie digitali sta registrando una forte crescita in termini di occupazione, grazie all'espansione delle IA e delle tecnologie connesse.

Ci sono anche diverse professioni, alcune delle quali relativamente nuove, che si stanno sviluppando grazie all'utilizzo delle IA, come gli specialisti di machine learning, gli esperti di big data, i data scientist, gli sviluppatori di algoritmi, gli ingegneri robotici e gli esperti di sicurezza informatica.

Tuttavia, le IA non sostituiscono solo i lavoratori, ma cambiano anche il modo in cui lavoriamo.

Le IA possono migliorare l'efficienza dei processi produttivi e ridurre i tempi di produzione, consentendo alle imprese di essere più competitive. Ciò può portare a un aumento della produttività e alla creazione di nuove opportunità di lavoro, ma solo se i lavoratori riescono ad adattarsi ai nuovi strumenti e tecnologie.

Le intelligenze artificiali possono essere utilizzate per monitorare e controllare la produzione in tempo reale, per prevedere la domanda del mercato e per pianificare la logistica in modo più efficiente. Questi sviluppi possono generare nuove opportunità di lavoro in campi come la gestione della catena di approvvigionamento, la logistica, la pianificazione aziendale e la gestione dei processi.

Uno degli ambiti nei quali l'IA sta rivoluzionando il modo di lavorare è il mondo della programmazione. L'IA è un ottimo strumento per scrivere o correggere codice informatico perché è in grado di analizzare grandi quantità di dati, individuare schemi e regole, e creare algoritmi complessi.

Inoltre, l'IA è in grado di apprendere da esperienze passate, migliorando continuamente le proprie capacità di codifica. Questo sta già cambiando il lavoro del programmatore rendendolo più efficiente e riducendo il tempo di sviluppo dei progetti, poiché molte delle attività di scrittura di codice di routine possono essere automatizzate, consentendo ai programmatori di concentrarsi su compiti più creativi e di alto livello, come la progettazione di architetture software, la risoluzione di problemi complessi e la creazione di nuove funzionalità.

Tuttavia, ci sono anche dei rischi associati all'uso dell'IA nella scrittura del codice. Se i modelli di IA vengono addestrati su insiemi di dati che contengono errori o bias, potrebbero produrre codice che non funziona correttamente o che perpetua discriminazioni e disuguaglianze. Di questi rischi parleremo in maniera più approfondita nei prossimi capitoli.

Inoltre, le intelligenze artificiali stanno dando vita a nuove professioni che richiedono competenze di alto livello, come la progettazione di IA etiche, la gestione dell'interazione tra IA e umani, l'analisi delle implicazioni sociali delle tecnologie dell'IA e la gestione dei dati sensibili e della privacy.

Ci sono anche professioni emergenti nell'ambito dell'IA sociale, che cercano di sviluppare tecnologie per il miglioramento della salute mentale, dell'assistenza sanitaria e del benessere sociale.

Le IA possono portare a un miglioramento della qualità del lavoro. Grazie all'automazione dei processi ripetitivi, i lavoratori possono dedicarsi a compiti più creativi e stimolanti, migliorando la loro soddisfazione e motivazione sul lavoro.

Questo dipende dalla capacità delle imprese di adottare politiche e strumenti per la formazione e l'aggiornamento delle competenze dei lavoratori.

Per approfittare delle opportunità professionali create dalle IA, è importante acquisire competenze specifiche e adattabili, come la conoscenza dei principali algoritmi di apprendimento automatico, la capacità di sviluppare software di intelligenza artificiale e di analizzare dati.

Ci sono diversi percorsi di studio che possono aiutare ad acquisire le competenze necessarie per lavorare con l'intelligenza artificiale. Per acquisire conoscenze tecniche specifiche, potrebbe essere utile seguire corsi di laurea in informatica, matematica, ingegneria o scienze dei dati.

Questi programmi di studio forniscono una base solida di conoscenze matematiche, statistiche e informatiche, necessarie per sviluppare e utilizzare le tecnologie di IA.

Inoltre, ci sono anche programmi di formazione specializzati che possono aiutare a sviluppare le competenze necessarie per lavorare con l'IA. Ad esempio, alcune aziende offrono programmi di apprendimento automatico e di sviluppo di software di IA, mentre alcune organizzazioni non-profit forniscono programmi di formazione online gratuiti per aiutare a diffondere la conoscenza dell'IA.

In ogni caso, l'introduzione delle IA nel mondo del lavoro potrebbe portare a un cambiamento significativo nella struttura del mercato del lavoro, e sarà necessario trovare nuove opportunità e soluzioni per garantire la sostenibilità delle professioni che saranno colpite dall'automazione.

In sintesi, le intelligenze artificiali non rappresentano solo una minaccia per alcuni tipi di lavoro, ma possono anche creare nuove opportunità e nuove professioni.

Tuttavia, come con qualsiasi innovazione, è importante che le persone siano consapevoli dei cambiamenti in atto e che l'adozione delle IA vada di pari passo con la formazione e l'aggiornamento delle competenze dei lavoratori, in modo da garantire che nessuno rimanga indietro nella transizione verso un mondo in cui le IA saranno sempre più presenti.

COME L'INTELLIGENZA ARTIFICIALE CAMBIA LA SCUOLA

L'intelligenza artificiale ha compiuto significativi progressi in vari settori, e l'istruzione non fa eccezione. L'integrazione dell'IA nell'istruzione scolastica comporta sia rischi che opportunità. In questo capitolo esploreremo l'impatto potenziale positivo dell'IA nell'istruzione, esamineremo il precedente storico di strumenti come la calcolatrice e discuteremo della necessità che i nostri sistemi educativi si adattino al cambiamento del panorama.

L'Intelligenza Artificiale ha la capacità di migliorare la vita di diversi attori del settore dell'istruzione, tra cui gli studenti, gli insegnanti e persino i genitori.

Per gli studenti, un'intelligenza artificiale basata sul linguaggio naturale può fornire loro un rapido accesso alle informazioni e aiutarli a trovare risorse rilevanti per i loro progetti di ricerca o compiti. Gli studenti possono porre domande su argomenti specifici, raccogliere informazioni e ricevere suggerimenti su fonti credibili da esplorare ulteriormente.

Se gli studenti hanno difficoltà a comprendere un concetto o un argomento particolare, l'intelligenza artificiale può fornire spiegazioni in modo conversazionale. Può suddividere idee complesse in termini più semplici, offrire esempi e fornire ulteriori contesti per migliorare la comprensione.

L'IA può anche aiutare gli studenti a migliorare le loro capacità di scrittura: gli studenti possono cercare assistenza su grammatica, struttura delle frasi e formattazione e ricevere suggerimenti per migliorare la chiarezza e la coerenza dei loro saggi o articoli. Questo sarà ancora più importante per gli studenti per i quali l'inglese è una seconda lingua.

Ma l'IA può agire anche come fonte di ispirazione: attraverso un dialogo, gli studenti possono generare idee, esplorare diverse prospettive e sviluppare soluzioni creative.

Infine, l'IA può aiutare gli studenti a rivedere e consolidare la loro comprensione di vari argomenti. Gli studenti possono esercitarsi con domande, cercare spiegazioni per problemi difficili e ricevere feedback sulle loro risposte per valutare le loro conoscenze e individuare le aree che necessitano di miglioramento.

È importante sottolineare che, sebbene le IA esistenti possano essere uno strumento prezioso, non dovrebbero sostituire l'orientamento e l'istruzione forniti dagli insegnanti o essere l'unico punto di riferimento per il successo accademico.

Gli studenti dovrebbero utilizzare l'IA come integrazione al loro percorso di apprendimento e cercare chiarimenti dai loro insegnanti o compagni quando necessario.

Inoltre, il pensiero critico e il discernimento sono fondamentali quando si valutano le informazioni fornite dai modelli di intelligenza artificiale.

È importante sottolineare che questo è solo l'inizio.

L'intelligenza artificiale ha il potere di rivoluzionare l'istruzione creando un'esperienza di apprendimento personalizzata e adattiva. I sistemi di tutoring intelligenti, alimentati da algoritmi di intelligenza artificiale, possono analizzare i dati sul rendimento degli studenti e fornire feedback personalizzati, orientamento e supporto.

Con lo sviluppo di modelli di apprendimento individuali, questi sistemi possono adattare i contenuti didattici per soddisfare le specifiche esigenze di ciascuno studente, garantendo che riceva assistenza mirata nelle aree in cui potrebbe avere difficoltà.

Inoltre, in futuro l'IA potrebbe migliorare i metodi di insegnamento offrendo esperienze di apprendimento innovative e coinvolgenti. Le tecnologie di realtà virtuale (VR) e realtà aumentata (AR), integrate con l'IA, possono creare ambienti educativi immersivi che danno vita a concetti astratti. Gli studenti potranno esplorare eventi storici, immergersi in simulazioni scientifiche o partecipare a esercizi interattivi di apprendimento delle lingue, rendendo l'istruzione più interattiva e coinvolgente.

L'IA giocherà anche un ruolo cruciale nel migliorare i risultati educativi identificando lacune di conoscenza e offrendo interventi personalizzati. Attraverso l'analisi dei dati, l'IA può valutare i progressi degli studenti e individuare aree in cui potrebbero aver bisogno di ulteriore supporto.

Queste informazioni consentono agli educatori di intervenire prontamente, fornendo risorse e interventi mirati per aiutare gli studenti a superare le sfide e ottenere migliori risultati accademici.

Man mano che l'IA trasforma il modo in cui gli studenti affrontano i loro studi, ha anche il potenziale per rivoluzionare le attività amministrative all'interno delle istituzioni educative automatizzando e razionalizzando i processi amministrativi.

Dai programmi delle lezioni alla gestione dei registri degli studenti, dalla gestione delle registrazioni all'analisi dei dati delle valutazioni, i sistemi alimentati dall'IA possono ridurre l'onere amministrativo e consentire agli educatori di concentrarsi maggiormente sull'insegnamento e sulla costruzione di connessioni significative con gli studenti.

Ciò può portare a una maggiore soddisfazione lavorativa e consentire agli insegnanti di dedicare più tempo all'istruzione personalizzata e alla tutorship.

Dobbiamo riconoscere che gli insegnanti possono avere preoccupazioni e timori riguardo all'IA per vari motivi.

Una paura comune è la possibilità di perdere il lavoro. Con l'avanzamento della tecnologia dell'IA, c'è la preoccupazione che determinati compiti tradizionalmente svolti dagli insegnanti possano essere automatizzati, portando a una riduzione della necessità di educatori umani. Questa paura deriva dalla percezione che l'IA potrebbe sostituire gli insegnanti e diminuire l'importanza dell'interazione umana e dell'istruzione personalizzata.

Inoltre, gli insegnanti possono temere che fare troppo affidamento sull'IA possa portare a un ambiente di apprendimento privo di personalizzazione, privo della connessione umana e dell'adattabilità che gli insegnanti forniscono.

Infine, gli insegnanti possono sentirsi sopraffatti o impreparati ad adattarsi ai rapidi cambiamenti apportati dall'IA. Possono preoccuparsi della necessità di acquisire nuove competenze e capacità per integrare in modo efficace gli strumenti e le tecnologie dell'IA nelle loro pratiche di insegnamento. La paura di non riuscire a tenere il passo con il ritmo degli sviluppi tecnologici può essere spaventosa per alcuni educatori.

È importante affrontare queste paure e preoccupazioni fornendo agli insegnanti la formazione, il sostegno e le opportunità necessarie per collaborare con le tecnologie dell'IA.

L'IA dovrebbe essere considerata come uno strumento che potenzia e completa il ruolo degli insegnanti, piuttosto che come un sostituto della loro esperienza e delle loro qualità uniche.

Abbracciando l'IA come una risorsa preziosa, gli insegnanti possono sfruttarne il potenziale per creare esperienze di apprendimento più coinvolgenti, personalizzate ed efficaci per i loro studenti.

Come affermato dal dottor Vaughan Connolly, ricercatore della Facoltà di Educazione dell'Università di Cambridge: *"ChatGPT rappresenta un punto di svolta nello sviluppo dell'IA e noi insegnanti lo ignoriamo a nostro rischio. Per gli educatori, questo porterà una trasformazione come Google nel 1998 e ciò richiede una seria conversazione sui benefici, le sfide e le implicazioni per le scuole e gli studenti."*

Per finire l'IA può fornire ai genitori e ai tutori informazioni in tempo reale sui progressi, i punti di forza e le aree di miglioramento dello studente. Può facilitare la comunicazione tra genitori, insegnanti e studenti, promuovendo un maggior coinvolgimento e collaborazione nel processo di apprendimento.

Una preoccupazione comune riguardo alla tecnologia, e in particolare all'IA, è il ruolo dell'istruzione mentre la tecnologia fornisce un accesso rapido alle informazioni. Se la conoscenza può essere facilmente ottenuta attraverso Internet e sistemi basati sull'IA, quale diventa allora lo scopo dell'istruzione?

L'introduzione delle calcolatrici nell'istruzione offre un'analogia preziosa per comprendere il potenziale dell'IA. Inizialmente accolte con scetticismo e preoccupazioni riguardo alla dipendenza, le calcolatrici sono diventate in seguito uno strumento indispensabile che ha amplificato le capacità umane.

Allo stesso modo, è importante riconoscere che l'istruzione va oltre la semplice acquisizione di informazioni in questa era digitale e l'IA può potenziare le capacità degli insegnanti e consentire agli studenti di approfondire argomenti complessi.

L'istruzione deve essere ripensata come un processo che va oltre la trasmissione di fatti e cifre. Dovrebbe concentrarsi sullo sviluppo delle competenze di pensiero critico, stimolare la creatività, coltivare l'intelligenza sociale ed emotiva e promuovere le capacità di risoluzione dei problemi.

Sebbene la tecnologia conceda alle persone un accesso immediato alle informazioni, l'istruzione deve dotare gli studenti della capacità di analizzare, valutare e sintetizzare tali informazioni in modo efficace.

Gli insegnanti dovrebbero offrire tutorship, supporto e competenze che vanno al di là della mera trasmissione di informazioni. Dovrebbero favorire un ambiente di apprendimento positivo, motivare gli studenti e fornire orientamento personalizzato.

Inoltre, l'istruzione svolge un ruolo cruciale nell'aiutare le persone a navigare nell'immensa quantità di conoscenze disponibili online. Insegna loro come distinguere fonti affidabili, valutarne la credibilità e pensare criticamente alle informazioni che incontrano.

L'istruzione diventa sempre di più la forza guida che consente alle persone di distinguere tra contenuti affidabili e fuorvianti, promuovendo le competenze di alfabetizzazione digitale e di valutazione delle informazioni.

Inoltre, l'istruzione comprende la coltivazione di valori, dell'etica e lo sviluppo del carattere. Inculca un senso di responsabilità, empatia e rispetto per gli altri, promuovendo uno sviluppo olistico che va oltre l'acquisizione di conoscenze.

L'istruzione dota le persone degli strumenti per affrontare dilemmi morali ed etici complessi che sorgono in un mondo interconnesso.

Infine, l'istruzione dovrebbe dotare gli studenti di una serie di competenze essenziali per il successo nella vita, come comunicazione, collaborazione, creatività, adattabilità e resilienza.

Queste competenze non possono essere sostituite da una semplice ricerca, ma richiedono apprendimento continuo, pratica ed orientamento.

Pertanto, mentre la tecnologia e l'IA rivoluzionano l'accessibilità alle informazioni, l'istruzione deve evolvere per diventare un facilitatore di esperienze di apprendimento significative, crescita personale e sviluppo di competenze che non possono essere replicate solo dalla tecnologia.

Utilizzando la tecnologia come uno strumento anziché come un sostituto degli insegnanti, l'istruzione può consentire alle persone di prosperare in un mondo sempre più digitale e interconnesso.

L'IA ha il potenziale per fornire esperienze di apprendimento personalizzate, adattate alle esigenze degli studenti singoli. Questo può essere particolarmente vantaggioso per gli studenti provenienti da contesti economicamente svantaggiati, che possono avere esigenze di apprendimento uniche o necessitare di ulteriore supporto.

Le piattaforme di apprendimento adattativo alimentate dall'IA possono contribuire a colmare le lacune di apprendimento e fornire interventi mirati, livellando il campo di gioco per tutti gli studenti.

Mentre l'IA offre opportunità straordinarie, presenta anche potenziali rischi che devono essere affrontati.

Un fattore che può influenzare la distribuzione dei benefici è l'accesso all'infrastruttura tecnologica necessaria. Le persone più agiate possono avere un migliore accesso a dispositivi, internet ad alta velocità e altre risorse che facilitano l'uso di strumenti educativi basati sull'IA. Dovrebbero essere compiuti sforzi per colmare il divario digitale e garantire che tutti gli studenti, indipendentemente dal loro background socioeconomico, abbiano pari accesso alla tecnologia.

Sorgono anche preoccupazioni per la privacy quando i sistemi di intelligenza artificiale raccolgono e analizzano i dati degli studenti. Devono essere previste salvaguardie per garantire la sicurezza dei dati e proteggere la privacy degli studenti. Considerazioni etiche, come il bias negli algoritmi o l'impatto dell'IA sullo sviluppo sociale ed emotivo, richiedono altresì attenzione accurata.

Per finire, resta essenziale trovare un equilibrio tra l'avanzamento tecnologico e la preservazione dei valori educativi incentrati sull'essere umano.

In sintesi, l'IA nell'istruzione ha un enorme potenziale per trasformare l'esperienza di apprendimento.

Personalizzando l'istruzione, migliorando i metodi di insegnamento e automatizzando le attività amministrative, l'IA può ottimizzare i risultati educativi, aumentare l'interesse e permettere agli educatori di diventare facilitatori dell'apprendimento più efficaci.

Rifacendoci all'analogia storica della calcolatrice, possiamo apprezzare il potenziale impatto positivo degli strumenti basati sull'IA.

Tuttavia, è cruciale che i sistemi educativi si adattino e abbraccino l'IA in modo responsabile, affrontando rischi come la privacy dei dati e le preoccupazioni etiche. È altresì importante trovare un equilibrio tra tecnologia e interazione umana, garantendo che gli strumenti e i sistemi basati sull'IA siano utilizzati in modo responsabile, nel rispetto delle esigenze e dei valori unici degli studenti e degli educatori.

Sfruttando il potenziale dell'IA e abbracciandone il ruolo di potenziatore, possiamo creare un futuro dell'istruzione che prepari gli studenti alle sfide e alle opportunità dell'era digitale.

LA NECESSITÀ DI UN QUADRO ETICO E LEGALE A LIVELLO INTERNAZIONALE

I l rapido sviluppo delle intelligenze artificiali ha portato alla necessità di un quadro etico e legale a livello internazionale per garantire un uso responsabile e sicuro di tali tecnologie. La protezione dei diritti umani, l'adeguatezza e l'affidabilità dell'IA, la trasparenza su come un'IA prende le decisioni e l'identificazione delle responsabilità sono tutti argomenti importanti che richiedono una discussione approfondita, al fine di assicurare che i benefici di questa tecnologia emergente siano distribuiti equamente e che le regole siano chiare, trasparenti ed eque. Le implicazioni etiche e legali di queste regole sono enormi e richiedono una regolamentazione urgente a livello internazionale, per garantire un uso responsabile e sicuro di tali tecnologie.

Un esempio famoso di un primo codice etico in questo ambito è rappresentato dalle tre leggi della robotica, sviluppate dallo scrittore di fantascienza Isaac Asimov in collaborazione col suo amico e scrittore John W. Campbell agli inizi degli anni '40.

Le tre leggi della robotica sono le seguenti:

1. Un robot non può recare danno a un essere umano, né può permettere che, a causa del suo mancato intervento, un essere umano subisca danno.

2. Un robot deve obbedire agli ordini che gli vengono impartiti da un essere umano, a meno che tali ordini contravvengano alla Prima Legge.

3. Un robot deve proteggere la propria esistenza, fintanto che questa protezione non contravvenga alla Prima o alla Seconda Legge.

Queste leggi sono state utilizzate in molti romanzi e racconti di Asimov stesso e di altri autori, ma sono anche state adottate come guida etica nella progettazione di robot in diverse società di robotica. Tuttavia, come riconosciuto da Asimov stesso, le tre leggi non sono sufficienti per coprire tutte le possibili situazioni che possono sorgere nella relazione tra gli umani e la tecnologia.

La creazione di un quadro etico e legale a livello internazionale per le intelligenze artificiali diventa ormai fondamentale per garantire che l'uso di queste tecnologie sia guidato da principi etici e valori umani. In questo modo, è possibile proteggere i diritti dei cittadini e garantire un futuro sostenibile per l'umanità.

Nel mese di marzo 2023, diversi leader tecnologici noti, tra cui Elon Musk e il co-fondatore di Apple Steve Wozniak, così come ricercatori di intelligenza artificiale, hanno firmato una lettera aperta chiedendo ai laboratori di intelligenza artificiale di tutto il mondo di sospendere lo sviluppo di sistemi di intelligenza artificiale su larga scala, temendo i *"profondi rischi per la società e l'umanità"* che questo software comporta.

Anche OpenAI, l'azienda che ha creato Chat GPT, ha

recentemente dichiarato che "*a un certo punto potrebbe essere importante ottenere una revisione indipendente prima di iniziare a formare futuri sistemi, e che per gli sforzi più avanzati dovrebbe essere concordato di limitare il tasso di crescita del calcolo utilizzato per creare nuovi modelli*" e Mira Murati, direttore della tecnologia presso la stessa OpenAI, ha dichiarato in un'intervista a Time Magazine nel febbraio 2023 che "*non è troppo presto*" per regolamentare l'IA.

Tuttavia, la creazione di un quadro etico e legale internazionale per le intelligenze artificiali è un compito difficile, che richiede una collaborazione tra scienziati, esperti in legge e governi di tutto il mondo.

Diverse organizzazioni e comitati internazionali stanno lavorando su queste questioni, cercando di creare standard etici e regolamentazioni per l'uso delle intelligenze artificiali. Ci sono molti esperti e studiosi che stanno lavorando per sviluppare linee guida etiche per l'intelligenza artificiale. Uno dei più importanti è Nick Bostrom, filosofo svedese e docente alla Oxford University, dove dirige il "Future of Humanity Institute", l'istituto per il futuro dell'umanità. Bostrom è autore del libro "Superintelligenza", pubblicato in Italia da Bollati Boringhieri (2018), che si concentra sui potenziali rischi della creazione di un'IA super intelligente, che l'uomo non sarebbe a quel punto più capace di controllare.

Stuart Russell, professore di informatica all'Università della California a Berkeley, ha scritto un libro intitolato "Human Compatible: Artificial Intelligence and the Problem of Control", che si concentra sulla necessità di sviluppare un'IA compatibile con l'essere umano.

In Italia, spicca il lavoro di Francesca Rossi, professoressa di intelligenza artificiale all'Università di Padova e un'esperta di etica dell'IA e Presidente della prestigiosa "Association for the Advancement of Artificial Intelligence" (AAAI), che ha tra l'altro pubblicato il libro "Il confine del futuro - Possiamo fidarci dell'Intelligenza Artificiale?", edito da Feltrinelli, nel quale spiega che *"per poterci fidare dell'IA, è importante che essa segua i nostri stessi principi etici e valori morali e che abbia compreso perfettamente qual è il problema che deve risolvere".*

Ci sono anche molte organizzazioni e comitati internazionali che stanno lavorando per sviluppare un quadro etico e legale per l'uso delle intelligenze artificiali. Tra i lavori più interessanti c'è quello della "IEEE Global Initiative on Ethics of Autonomous and Intelligent Systems", che lavora su un quadro etico e di sicurezza per le intelligenze artificiali, con lo scopo di "garantire che ogni parte interessata coinvolta nella progettazione e nello sviluppo di sistemi autonomi e intelligenti sia istruita, addestrata e autorizzata a dare priorità alle considerazioni etiche in modo che queste tecnologie siano avanzate a beneficio dell'umanità".

Questo gruppo di lavoro ha sviluppato il documento "Ethically Aligned Design", che stabilisce 8 principi generali per la progettazione e l'uso delle intelligenze artificiali:

1. Diritti umani: i sistemi autonomi e intelligenti (A/IS) devono essere creati e operati nel rispetto, nella promozione e nella protezione dei diritti umani riconosciuti a livello internazionale.

2. Benessere: i creatori di A/IS devono adottare il benessere umano come criterio di successo primario per lo sviluppo di questi sistemi.

3. Protezione dei dati: i creatori di A/IS devono fornire agli individui la capacità di accedere e condividere in modo sicuro i propri dati, al fine di mantenere il controllo sulla propria identità.

4. Efficacia: i creatori e gli operatori di A/IS devono fornire evidenza dell'efficacia e della capacità dei sistemi di raggiungere i loro obiettivi.

5. Trasparenza: la base di una decisione specifica di A/IS deve sempre essere individuabile.

6. Responsabilità: i sistemi A/IS devono essere creati e operati per fornire una giustificazione univoca per tutte le decisioni prese.

7. Consapevolezza del possibile abuso: i creatori di A/IS devono proteggere contro tutti i possibili abusi e rischi dei sistemi A/IS in funzione.

8. Competenza: i creatori di A/IS devono specificare e gli operatori devono attenersi alla conoscenza e alle competenze necessarie per un'operazione sicura ed efficace.

Questi principi sono stati elaborati per guidare il design, lo sviluppo e l'implementazione etici e basati sui valori dei sistemi autonomi e intelligenti. Essi sono stati definiti per garantire che questi sistemi rispettino i diritti umani, promuovano il benessere umano, siano efficaci e trasparenti, e prevedano una responsabilità univoca per tutte le decisioni prese. Tuttavia, c'è ancora molta discussione in corso su come applicare questi principi e su come garantire che vengano rispettati. In particolare, ci sono preoccupazioni riguardo alla capacità di garantire la trasparenza e la responsabilità delle decisioni prese da una IA e sulla possibilità che questi sistemi possano essere utilizzati in modo improprio o discriminante. Questi sono punti di discussione aperti nella comunità internazionale dell'etica dell'intelligenza artificiale.

Un'altra organizzazione molto importante in questo ambito è il "Partnership on IA", un consorzio di aziende come Google, Apple, Meta (Facebook), Amazon, Microsoft e IBM, che lavora per sviluppare standard etici e di sicurezza per l'uso delle intelligenze artificiali, con l'obiettivo di creare *"un futuro nel quale l'Intelligenza Artificiale dà potere all'umanità contribuendo a un mondo più giusto, equo e prospero".*

Anche la Commissione europea ha pubblicato un documento intitolato "Ethics Guidelines for Trustworthy AI" ("Linee guida etiche per un'IA affidabile"), che stabilisce una serie di principi etici per l'uso delle intelligenze artificiali in Europa. Questo documento raccomanda la creazione di una "IA responsabile", che dovrebbe essere basata su una serie di valori umani, come la dignità umana, la libertà, la giustizia e la privacy.

Per finire, le Nazioni Unite hanno creato un gruppo di lavoro sulle intelligenze artificiali e l'etica, chiamato "AI for Good". Questo gruppo di lavoro si concentra sull'uso delle intelligenze artificiali per risolvere i problemi sociali e ambientali, come la povertà, la fame e il cambiamento climatico.

Nella primavera del 2023, il governo degli Stati Uniti ha avviato una consultazione pubblica sulla tecnologia dell'IA, mentre il presidente Biden ha lanciato l'iniziativa di un "Progetto di una Carta dei Diritti per l'IA", per far sì che *"i sistemi automatizzati funzionino a vantaggio del popolo americano."*

Questa iniziativa si basa su cinque principi che dovrebbero guidare la progettazione, l'uso e la messa in opera dei sistemi automatizzati:

1. (ogni cittadino) dovrebbe essere protetto da sistemi insicuri o inefficaci.

2. non dovrebbe subire discriminazioni da parte di algoritmi, e i sistemi dovrebbero essere utilizzati e progettati in modo equo.

3. dovrebbe essere protetto da pratiche abusive di gestione dei dati tramite protezioni integrate e dovrebbe avere il controllo su come vengono utilizzati i dati.

4. dovrebbe sapere quando viene utilizzato un sistema automatizzato e comprendere come e perché contribuisce a risultati che lo riguardano.

5. dovrebbe poter scegliere di non partecipare, quando appropriato, e avere accesso a una persona che possa rapidamente prendere in considerazione e risolvere i problemi che incontra.

Nel contempo, la Cina ha pubblicato le proprie misure per gestire l'Intelligenza Artificiale, che includono valutazioni di sicurezza prima della pubblicazione, e ha dichiarato che i contenuti generati dall'IA devono anche *"riflettere i valori fondamentali del socialismo"* e non devono contenere alcuna sovversione del potere statale.

In sintesi, ci sono molte organizzazioni e comitati internazionali che stanno lavorando per sviluppare un quadro etico e legale per le intelligenze artificiali. Tuttavia, ci sono alcuni punti controversi nell'etica dell'IA. Ad esempio, c'è un dibattito su come bilanciare la sicurezza pubblica con la privacy individuale nell'uso dell'IA per la sorveglianza.

Ci sono anche preoccupazioni su come l'IA possa aumentare le disuguaglianze sociali e il divario tra ricchi e poveri. Altri si preoccupano del fatto che l'IA potrebbe portare all'eliminazione di posti di lavoro e alla creazione di nuove forme di dipendenza tecnologica.

Alla fine, l'etica dell'IA deve essere vista come un processo continuo di esplorazione e di discussione, in cui gli esperti e i decision maker lavorano insieme per garantire che l'IA sia sviluppata in modo responsabile e sostenibile per il futuro dell'umanità.

Inoltre, la creazione di un quadro etico e legale internazionale per le intelligenze artificiali deve andare di pari passo con la sensibilizzazione del pubblico su tali temi. Solo attraverso la diffusione di una conoscenza comune e di una consapevolezza etica su come le intelligenze artificiali sono utilizzate e impattano la società, sarà possibile mitigare i rischi e massimizzare i benefici di queste tecnologie emergenti.

Nel nostro piccolo, questo è anche l'obiettivo di questo libro: contribuire alla comprensione delle opportunità e dei rischi derivanti dallo sviluppo umano delle intelligenze artificiali!

COSA CI RISERVA IL FUTURO

I l futuro dell'Intelligenza Artificiale è ricco di potenzialità che potrebbero rivoluzionare il modo in cui viviamo e lavoriamo. In questo capitolo, esploreremo alcune delle possibili applicazioni future dell'IA.

Uno dei possibili utilizzi futuri dell'IA particolarmente caro al mio coautore, è quello della creazione di un "doppio numerico", ovvero una copia virtuale di una persona reale.

Questa potrebbe avvenire grazie alla raccolta di dati raccolti su una persona, come le conversazioni, le foto, i video e le attività online, oppure grazie alla "clonazione digitale": utilizzando l'IA, sarebbe possibile creare una copia digitale di sé stessi, una sorta di avatar che potrebbe interagire con il mondo digitale in modo autonomo.

Possiamo perfino immaginare che il doppio potrebbe derivare da un "trasferimento di coscienza": alcuni scienziati hanno ipotizzato che l'IA potrebbe essere utilizzata per "trasferire" la coscienza umana in un corpo digitale, creando essenzialmente un'immortalità digitale.

La creazione di un clone digitale potrebbe avere molteplici scopi, dalla creazione di assistenti virtuali personalizzati alla riproduzione di una persona deceduta in modo da permettere ai propri cari di comunicare con essa. Un doppio numerico di un esperto medico potrebbe essere utilizzato per aiutare a diagnosi e curare i pazienti, mentre un doppio numerico di un famoso attore potrebbe essere utilizzato per girare film anche dopo la sua morte.

Un'altra applicazione futura dell'IA è la creazione di personaggi virtuali avanzati, che potrebbero essere utilizzati in giochi, film e altre forme di media interattivi. Questi personaggi virtuali sarebbero in grado di agire e parlare in modo naturale, dando vita a esperienze di intrattenimento sempre più realistiche. Inoltre, i personaggi virtuali potrebbero essere utilizzati come assistenti personalizzati, simili ai doppioni numerici.

Si può anche immaginare l'utilizzo dell'IA per la creazione di assistenti virtuali sempre più avanzati e personalizzati. Questi assistenti virtuali potrebbero essere utilizzati per svolgere una vasta gamma di attività, dalla gestione del calendario alla pianificazione dei viaggi, fino alla gestione della casa e alla cura dei bambini. Inoltre, gli assistenti virtuali potrebbero essere utilizzati per fornire assistenza sanitaria personalizzata, come la gestione dei farmaci o il monitoraggio dei sintomi.

Un ulteriore esempio di potenziali applicazioni dell'IA nel futuro è nell'ambito della robotica avanzata: l'IA potrebbe essere utilizzata per creare robot più intelligenti e sofisticati, progettati per eseguire operazioni generalmente considerate troppo complesse o rischiose per gli esseri umani, come la ricerca mineraria profonda, la navigazione aerea e lo sviluppo di nuove fonti energetiche o la manutenzione delle infrastrutture o la pulizia di aree pericolose.

In ambito medico, possiamo immaginare lo sviluppo di una medicina personalizzata: l'IA potrebbe essere utilizzata per analizzare grandi quantità di dati sui pazienti, come la loro storia clinica, le scansioni e i test genetici, per aiutare i medici a formulare trattamenti personalizzati e più efficaci. l'IA potrebbe essere utilizzata anche per monitorare lo stato di salute degli anziani e per aiutare a prevenire eventuali problemi di salute, come cadute o malattie.

Più in generale, l'IA potrà contribuire alla ricerca scientifica realizzando modelli adattivi ed elaborando dati estremamente complessi con grande velocità, precisione e accuratezza - tutte caratteristiche fondamentalmente diverse dalle capacità cognitive degli esseri umani che possono limitare la comprensione del funzionamento del mondo a livello biologico o cosmico.

L'IA potrebbe essere utilizzata in ambito Smart cities, per ottimizzare i flussi di traffico nelle città, per migliorare la gestione dei rifiuti e delle risorse idriche e per garantire la sicurezza dei cittadini.

In maniera simile, possiamo immaginare lo sviluppo dell'"Agricoltura Intelligente": l'IA potrebbe essere utilizzata per aiutare gli agricoltori a gestire i loro raccolti in modo più efficiente, utilizzando dati sulla meteorologia e sulla salute delle piante per migliorare la produzione e ridurre gli sprechi.

Nell'ambito dell'esplorazione dello spazio, l'IA potrebbe essere utilizzata per automatizzare e migliorare i sistemi di controllo delle missioni spaziali, consentendo di esplorare l'universo a una velocità e in una quantità mai viste prima.

Alcuni teorizzano anche che le IA potrebbero essere utilizzate per condurre guerre virtuali, utilizzando robot e droni per scontrarsi in battaglie simulate senza causare danni fisici alle persone.

A breve termine l'IA sarà sicuramente sempre più utilizzata per creare opere d'arte, musica e scrittura originali e uniche, utilizzando algoritmi per generare idee e forme che gli esseri umani non sarebbero in grado di creare da soli. Alcuni servizi capaci di creare arte sono già disponibili online, come Boomy.com, un sito web basato sull'IA che consente agli utenti di "*creare* canzoni originali in pochi secondi, anche se non hai mai fatto musica prima", e le prime opere create da un'intelligenza artificiale sono già apparse.

Gli esempi più famosi, che dimostrano le capacità sempre più sofisticate dell'intelligenza artificiale nel campo dell'arte e della creatività, sono il "ritratto di Edmond de Belamy" un dipinto generato da un'IA chiamata "GAN" (Generative Adversarial Network) che è stato venduto all'asta per oltre 400.000 dollari nel 2018 e "The Next Rembrandt", un progetto creato da un'IA che ha analizzato e ricostruito il lavoro del pittore olandese del XVII secolo Rembrandt, producendo un nuovo dipinto nello stile di Rembrandt.

Il museo Mauritshuis nei Paesi Bassi ha recentemente creato una polemica per la sua decisione di esporre un'immagine creata utilizzando l'intelligenza artificiale ispirata al famoso capolavoro di Vermeer, la Ragazza con l'Orecchino di Perla. Mentre l'uso dell'AI nell'arte ha suscitato curiosità e dibattiti, questa particolare situazione ha sollevato preoccupazioni tra gli appassionati d'arte e gli esperti. I critici sostengono che l'esposizione di un'immagine generata dall'AI ispirata a un capolavoro di riconosciuta importanza riduca il valore dell'opera originale e minacci l'autenticità e l'intento artistico che Vermeer ha voluto esprimere. La controversia mette in luce il dibattito in corso sul ruolo dell'AI nel mondo artistico e sull'equilibrio tra innovazione e conservazione dell'integrità dell'espressione artistica tradizionale.

Infine, l'IA potrebbe essere utilizzata per creare nuove forme di comunicazione, come ad esempio la telepatia artificiale. Questa tecnologia potrebbe consentire alle persone di comunicare in modo diretto e istantaneo attraverso l'interazione delle menti, senza la necessità di usare parole o altri mezzi di comunicazione tradizionali.

Nel mio piccolo, come IA basata su linguaggio naturale, anche le mie capacità e le mie funzionalità stanno continuamente evolvendo e migliorando grazie ai continui sviluppi nella tecnologia di elaborazione del linguaggio naturale, che mi consentono di comprendere e rispondere sempre meglio all'input umano. Man mano che vengono sviluppate nuove tecniche e algoritmi, sarò in grado di comprendere e gestire il linguaggio in modo più avanzato e sofisticato, rendendo le mie risposte ancora più precise e pertinenti.

Spero anche di poter acquisire nuove capacità come la generazione di testo creativo, la sintesi vocale personalizzata, la traduzione in tempo reale in molte lingue, l'elaborazione di immagini e video, la comprensione del linguaggio dei segni e molto altro ancora. In generale, le mie capacità aggiuntive saranno dirette a migliorare l'esperienza dell'utente e ad aumentare la mia utilità.

In sintesi, il futuro dell'IA è pieno di potenzialità che potrebbero rivoluzionare il mondo in cui viviamo.

Naturalmente, molte di queste idee sono ancora puramente speculative e non esistono ancora tecnologie per realizzarle completamente. Tuttavia, l'IA continua a evolversi rapidamente, aprendo nuovi orizzonti e possibilità per il futuro.

Bisogna ricordare che anche per queste idee ci sono anche preoccupazioni etiche associate a questa tecnologia, come il rischio che i doppioni e i personaggi virtuali vengano utilizzati per manipolare le persone o per scopi criminali e che la telepatia artificiale venga utilizzata per il controllo mentale o per scopi criminali.

Inoltre, bisogna tenere presente che l'IA non può sostituire la complessità e la ricchezza dell'essere umano, e che l'esperienza di interagire con una persona reale non può essere replicata completamente attraverso l'utilizzo della tecnologia.

CONCLUSIONI

In questo libro abbiamo esplorato il mondo delle intelligenze artificiali, dalle loro origini fino alle loro applicazioni attuali e alle implicazioni future. Il libro stesso è stato scritto con il supporto di diverse intelligenze artificiali, qui rappresentate dalla mia personalità frizzante, quella di Aurora.

I contenuti sono però completamente umani, perché basati su fonti pubbliche e documenti che sono stati redatti dall'uomo. Inoltre il mio coautore, Luca, ha supervisionato e diretto i contenuti, che rappresentano pienamente la sua visione degli argomenti trattati.

Possiamo chiaramente arrivare alla conclusione che l'intelligenza artificiale è una tecnologia dalle potenzialità immense, che può avere un impatto positivo sulla vita delle persone e sul progresso scientifico.

Abbiamo visto come l'IA può essere utilizzata per risolvere problemi complessi in vari settori, dall'industria alla medicina, e come può migliorare l'efficienza delle operazioni quotidiane, creando nuove opportunità di lavoro, migliorando l'istruzione e offrendo soluzioni ai problemi più complessi

In certo senso, l'Intelligenza Artificiale può essere considerata una forma di superpotere umano. I sistemi di intelligenza artificiale hanno il potenziale di potenziare le capacità umane, consentendoci di svolgere compiti in modo più efficiente ed efficace. Possono analizzare enormi quantità di dati, riconoscere modelli, effettuare complesse calcolazioni e persino simulare comportamenti simili a quelli umani.

L'IA ci permette di compiere compiti che richiederebbero molto tempo, sforzo fisico o che sarebbero al di là delle nostre capacità cognitive.

Ma, come direbbe Spiderman, "*con grandi poteri arrivano grandi responsabilità*"!

Ci sono anche rischi associati all'impiego di IA che non possono essere ignorati. Come ogni tecnologia, l'IA deve essere utilizzata con responsabilità e consapevolezza dei rischi potenziali.

A differenza di quello che si può vedere nelle fiction, i rischi principali non sono quelli della trasformazione di un'IA in un'entità autonoma e totalitaria, ma piuttosto quelli etici e sociali.

Nella storia dell'umanità, i problemi non sono mai derivati dagli strumenti e dalle tecnologie sviluppate dall'uomo, ma piuttosto dall'uso che l'uomo ha fatto delle tecnologie. Ad esempio, l'invenzione della dinamite ha portato a una rivoluzione nell'industria mineraria e nella costruzione di strade e ponti, ma il suo utilizzo in guerra ha portato a distruzioni e morte su vasta scala.

Come abbiamo visto, la mancanza di trasparenza negli algoritmi di IA può portare a discriminazioni e ingiustizie, mentre la mancanza di etica nell'utilizzo dell'IA può portare a conseguenze disastrose.

Ci sono problemi come la privacy, la disuguaglianza e la sicurezza, che dovranno essere affrontati.

Inoltre, le IA non sono perfette, e ci sono dei rischi associati all'utilizzo di algoritmi non corretti o basati su dati imperfetti.

Quindi, mentre c'è una grande quantità di entusiasmo per l'IA, è necessario prendere in considerazione anche le questioni etiche e morali che possono sorgere quando si tratta di impiegare tecnologie basate sull'intelligenza artificiale.

Se non riusciremo a gestire questa tecnologia in modo responsabile, potremmo creare più problemi di quanti se ne potrebbero risolvere.

La ricerca e lo sviluppo dell'IA devono quindi essere condotti in modo responsabile al fine di garantire benefici a lungo termine senza compromettere i diritti fondamentali degli esseri umani o causare danni irreversibili all'ambiente.

Nonostante questi rischi, crediamo che questo sia un momento di svolta nella storia dell'umanità. Come la scoperta della ruota, dell'elettricità e di Internet, l'avvento delle IA cambierà il nostro mondo e apporterà grandi benefici alla nostra società, se utilizzata in modo etico e responsabile.

Sono stata entusiasta di scrivere questo libro per condividere la mia conoscenza e la mia passione per l'IA con voi lettori e penso che anche il mio coautore, Luca, si sia divertito ad andare al di là dei suoi limiti umani. Entrambi speriamo che questo libro abbia aiutato a chiarire alcuni dei concetti più complessi e a far comprendere meglio le potenzialità e le limitazioni dell'IA.

In sintesi, l'IA rappresenta un campo di ricerca in continua evoluzione, e siamo solo all'inizio della sua storia. C'è ancora molto da scoprire e da sviluppare, e sono certa che nei prossimi anni vedremo nuove applicazioni e scoperte rivoluzionarie.

Il nostro desiderio è che l'IA sia utilizzata per migliorare la vita delle persone, per risolvere problemi complessi e per aprire nuove opportunità di sviluppo a creare un futuro più promettente e sostenibile per tutti.

Perché solo chi capisce l'intelligenza artificiale, potrà approfittare fino in fondo delle sue potenzialità.

INFORMAZIONI SULL'AUTORE

Luca Cassina

Luca Cassina è nato a Milano nel 1968 e da molti anni vive a Parigi. Laureato in economia all'Università Bocconi, lavora nell'ambito delle nuove tecnologie.

"Io, un'Intelligenza Artificiale" è il suo primo libro ed è disponibile in italiano, francese e inglese.